U0173485

红旗渠
是怎样修成的

余文国　杨　军　编著

文心出版社
·郑州·

图书在版编目（CIP）数据

红旗渠是怎样修成的 / 余文国，杨军编著 . — 郑州：
文心出版社，2023.3（2023.5 重印）
ISBN 978-7-5510-2717-5

Ⅰ . ①红… Ⅱ . ①余… ②杨… Ⅲ . ①红旗渠－水利
工程－青少年读物 Ⅳ . ① TV67-092

中国国家版本馆 CIP 数据核字 (2023) 第 048138 号

红旗渠是怎样修成的 | 余文国　杨　军　编著

出 版 人：田明旺
项目统筹：余德旺
责任编辑：刘书焕
责任校对：邱真真　王　珊　李　沛
美术编辑：左清敏
书籍设计：王　哲
美术指导：葛晓亮
出 版 社：文心出版社
（郑州市郑东新区祥盛街 27 号　邮政编码 450016）
发行单位：全国新华书店
承印单位：辉县市伟业印务有限公司
开　　本：710 毫米 ×1000 毫米　1/16
字　　数：150 千字
印　　张：11
版　　次：2023 年 3 月第 1 版
印　　次：2023 年 5 月第 4 次印刷
书　　号：ISBN 978-7-5510-2717-5
定　　价：33.00 元

如发现印装质量问题，请与印刷厂联系，电话：0373—6217581

学习
"自力更生、艰苦创业、团结协作、无私奉献"
的红旗渠精神！

用实际行动
向参与修建红旗渠的前辈们致敬！

战天斗地（郝艺旋，11岁）

在我国河南省西北部，有这样一处绝美的人间奇迹，她宛若一条蓝色飘带，横亘在太行山腰，蜿蜒曲折，滋养着这里的土地和人民。半个多世纪过去了，渠水依旧。曾经的引水功能已渐渐淡去，却引无数人在此驻足、观瞻。她，就是引世人瞩目的水利工程——"人工天河"红旗渠。

序　言

传承红旗渠精神
做新时代追梦人

亲爱的同学们，我是土生土长的林州人，是听着红旗渠的故事、喝着红旗渠的水、在红旗渠岸边长大的。我的父母都参加了红旗渠的修建，我的四爷爷申全成就是为修建红旗渠牺牲的 81 位修渠英雄之一。我身上流淌着红旗渠人的血液，对红旗渠有着很深的感情，每每谈及红旗渠的故事便热血沸腾。接到文心出版社的邀请，为《红旗渠是怎样修成的》一书作序，我倍感荣幸，欣然接受，因为我愿意把最美奋斗者的故事讲给亿万少年儿童听。

红旗渠是一条历时近 10 年修建的人工渠。20 世纪 60 年代，河南省林县（今河南省林州市）为了改变十年九旱、水贵如油的现状，在县委书记杨贵的带领下，30 多万林县人民，万众一心，众志成城，用近 10 年时间，靠着"一锤、一钎、一双手"，挖渠千里，在太行山的悬崖峭壁上，硬生生地削平了 1250 个山头，打通了 211 个隧洞，架设了 152 座渡槽，修建各种建筑物 12408 座，挖砌土石方 1515 万立方米。如果把这些土石方垒砌成高 3 米、宽 2 米的墙，那么这堵墙就可以把哈尔滨到北京再到广州连接起来。周恩来总理曾说，新中国成立以来，有两大奇迹，一个是南京长江大桥，一个是林县红旗渠。在修建红旗渠工程中，林县人民把"自力更生、艰苦创业、团结协作、无私奉献"的精神旗帜插在了太行之巅。

红旗渠是林州人的生命渠、幸福渠。红旗渠的修建解决了当时55万林县人的饮水问题、54万亩耕地的浇灌问题。"荒岭秃山头、水缺贵如油"的日子一去不复返，迎来的是"渠道网山头、清泉到处流"的美丽画卷。如今的红旗渠更是扮靓了林州。碧波荡漾的龙湖、流水潺潺的黄华河公园引来了无数人驻足，惊叹红旗渠水的现实效应。红旗渠水哗哗响，林州处处是风光。农家乐里人人忙，全域旅游成时尚。红旗渠畔一派生机盎然，魏家庄农家乐一号院、止方村仿古街、桑园村中华古板栗园、红旗塔、太行阁成为网红打卡地。红旗渠风景区是红色旅游胜地和全国中小学生爱国主义教育基地、党员干部教育培训基地。红旗渠建设者被国家9个部委联合授予"最美奋斗者"称号，林州市荣获"全国文明城市"称号。

红旗渠是一条精神之渠。现在的红旗渠已经不单单是一项水利工程，她形成的精神已经成为民族精神之魂。习近平总书记在2022年10月28日考察红旗渠时说："红旗渠就是纪念碑，记载了林县人不认命、不服输、敢于战天斗地的英雄气概。要用红旗渠精神教育人民特别是广大青少年，社会主义是拼出来、干出来、拿命换来的，不仅过去如此，新时代也是如此。没有老一辈人拼命地干，没有他们付出的鲜血乃至生命，就没有今天的幸福生活，我们要永远铭记他们。""红旗渠精神同延安精神是一脉相承的，是中华民族不可磨灭的历史记忆，永远震撼人心。年轻一代要继承和发扬吃苦耐劳、自力更生、艰苦奋斗的精神，摒弃骄娇二气，像我们的父辈一样把青春热血镌刻在历史的丰碑上。实现第二个百年奋斗目标也就是一两代人的事，我们正逢其时、不可辜负，要做出我们这一代的贡献。红旗渠精神永在！"

红旗渠精神历久弥新、穿越时空，蕴含着伟大创造精神、伟大奋斗精神、伟大团结精神、伟大梦想精神和伟大时代担当！

《红旗渠是怎样修成的》一书生动地再现了当年林县人民修建红旗渠时战天斗地的场景，以讲故事的手法，生动讲述了最美奋斗者的感人事迹，再现了老一辈修渠人非凡的创造力和想象力，深刻揭示了红旗渠精神的内涵。

今天，我们要把红旗渠的故事讲给孩子们听：300 名青年奋战 17 个月凿通青年洞；任羊成腰系一根麻绳，"老虎嘴里拔牙"；吴祖太绝壁上精准测量，舍生忘死；"铁姑娘"们抡锤打钎，顶天立地；"神炮手"常根虎置生死于度外，一马当先，排除瞎炮，清扫安全隐患；女英雄李改云舍己救人勇于担当；凿洞英雄王师存历经七次塌方，九死一生，仍不下火线……

今天，我们要告诉孩子们：红旗渠精神的本质是为民和奉献。修建红旗渠的 10 年间，81 位干部、群众先后长眠于太行山上，其中年龄最大的 63 岁，年龄最小的只有 17 岁。青年洞洞口的崖壁上，深深地镌刻着"山碑"两个字。山就是碑，碑就是山，红旗渠是刻在太行山上的碑，红旗渠精神是刻在中国人心中的丰碑。

我用了 17 个小时一口气对这本书进行了审读，作为一名长期宣讲红旗渠精神的志愿传播者，我重点推荐这本书，希望每个孩子都能成为传承红旗渠精神的少年，成为强国有我的新时代追梦人！

红旗渠精神研究会秘书长
河南省委红旗渠精神宣讲团首席讲师

申学昌

2023 年 3 月 7 日

目 录

红 旗 渠 是 怎 样 修 成 的

2

河山 重新安排

第一章

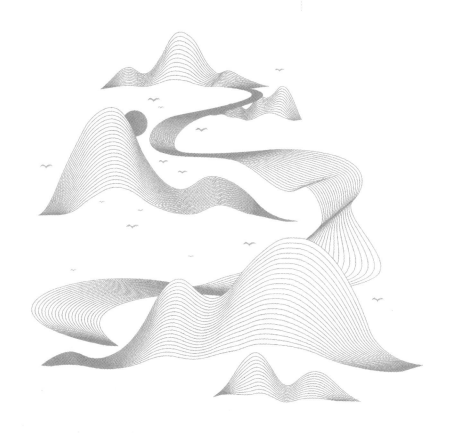

一滴水的故事

打开中国地图,它地处河南省西北部,西依太行山,位于河南、山西、河北三省交界处。它就是红旗渠的所在地——林州市。

林州市属于县级市,在1994年之前称为林县。

很多人并不知道,林县在西汉时已置为县,因境内西部有太行山支脉隆虑山而取名"隆虑县"。东汉时,为避汉殇帝刘隆名讳,改称"林虑县"。金贞祐三年(1215年)改为林州,明初又废州为县,改名"林县"。

从地理上看,与河南大部分平原地区不同,林州市属于山区。如今的林州处处青山绿水,一派生机盎然。可谁又能想到,60多年前的林州却是另一番模样。

曾经在这片土地上发生过这样一个真实的故事:1920年大旱,大年三十,桑耳庄村刚过门的新媳妇王水娥接过公公桑林茂老汉辛苦挑回来的水,可因为天黑路滑,站立不稳,一担水洒了个精光,全家人因此没有水过年,新媳妇悔恨交加,在除夕夜悬梁自尽……

难道一担水就可以夺走一个鲜活的生命吗?历史上的林州真的就这么缺水吗?

据载,从明正统元年(1436年)到新中国成立的500多年里,林县发生自然灾害100多次,大旱绝收30多次,甚至人相食。这

一滴水的故事

里干旱缺水，过去经常发生旱灾，不仅农作物不能保种保收，而且经常是人、畜用水困难。

为什么林州过去会如此缺水呢？

从地理上看，缺水的原因在于：境内山石林立，沟壑纵横，地势由西向东倾斜，地形陡峭。大小山峰连绵环接，导致境内形如漏斗，很难形成稳定的隔水层和蓄水层，流水漏失严重。

林州境内虽有河流，但基本上属于过境季节性河流，平时水量不大，有时干涸断流，而汛期水势猛涨，造成水灾，进一步加剧了水土流失。其中流经境内北部的浊漳河虽水源较充沛，但水段大都在深山峡谷中，在修建红旗渠之前能够利用的水量并不大。林县人只能眼睁睁地看着漳河水哗哗地流过，所以大家都说"守着漳河种旱地，守着漳河没水吃"。

水，就是林县人的命。当时，流传着这样一句顺口溜："天旱把雨盼，雨大冲一片。卷走黄沙土，留下石头蛋。"

新中国成立前，全县550个行政村，就有307个村人、畜吃水困难。居民平常很少洗脸，逢年过节，走亲戚、赶庙会等重要日子才洗洗脸，即便洗也只是舀一点点水。大人洗了小孩儿洗，刷锅洗碗用水也都是上顿用了下顿用，今天用了明天用，最后成糊糊了才肯让牲口喝掉。

哪怕是一滴水，在这里都成为最神奇、最珍贵的东西。

有的人家试着在自家院里挖旱井、旱池，积存雨水、雪水，或修一些小型渠道，引山泉，拦河水。可遇见旱灾，还是不得不翻山越岭，远道找水。

这，似乎就是林县人的命运。

天平渠与谢公渠

当年的很多林县人经常都得翻山越岭，往返几公里、十几公里远道取水。一到干旱年头，井旁的水桶排成了长队。人们从早等到晚，一天才挑上一担水。粗略计算，全县人每年要把近4个月的时间花在取水道上。群众说"吃水如吃油"，这话说得一点儿都不过分。没油吃，日子还能过；没水吃，一天都不行。

缺水，意味着地里长不出庄稼。新中国成立初期，林县共有90多万亩耕地，只有一万多亩水浇地，其他耕地基本上要靠天吃饭。麦子亩产仅有七八十斤，秋粮亩产也不过百斤。林县人终年过着"早上糠，中午汤，晚上稀饭照月亮"的贫困生活。

因为缺水，生活艰辛，好多人家的孩子上不起学。目不识丁的老百姓总受地主老财们欺侮。林县的贫苦农民韩兴请人写春联，写春联的趁机捉弄韩兴，上联写"韩大是个鳖，韩二也是鳖"，下联"许瞧不许说，谁说也是鳖"。过了许久韩兴才知道。以后每逢过年写春联，韩兴再不求人写了，而是自己用小酒盅在红纸上扣圆圈当字。

缺水，还意味着打光棍。林县有个叫牛岭山的村子，因为缺水，没有姑娘愿意嫁到村子里来。周边村的村民常常念叨："谁要嫁到牛岭山，就得翻山把水担。压得腰痛腿酸肿，一辈子熬煎受不完。"当时牛岭山村 40 岁以下的光棍汉就有 30 多个。

缺水，还能饿死人。修建红旗渠工程的"水利土专家"路银清楚地记得，在自己 13 岁那年，因林县大旱，他的父亲活活饿死了。1942—1943 年，林县连年大旱，全县共饿死 1650 口人。

"一条扁担两个筐，拖儿带女去逃荒。不上山西讨饭吃，人还咋个过时光。"缺水和干旱逼得林县人大量卖儿鬻女，逃荒要饭。有碑文记载，清光绪年间，一名十七八岁的妇女，仅值三五百文，还不到半两白银。红旗渠劳模李改云在 6 岁的时候，在往山西逃荒要饭的路上，被家人卖过一次，卖了 5 升粮食。

可以说，水，自古就是林州人记忆里最深的痛。

公元 1268 年，一位叫李汉卿的官员到林县上任。他本以为此地地名中带着个"林"字，定是山清水秀，树木成林。谁知到了才发现，这里极度干旱，严重缺水。奔波了一日，李汉卿想洗把脸，没想到左等右等，过了一个时辰，仆人才端来半碗浑水。李汉卿大怒："难道没有一点儿干净的洗脸水吗？"仆人战战兢兢地回答："真没有……"

李汉卿深受触动，决定为林县百姓修渠引水。他用了 3 年时间，举全县财力、物力，修成了一条长 10000 米、宽 1 米、深 0.7 米的引水渠，解决了周边十几个村庄老百姓的用水问题。因为这条水渠引自太行山深处的天平山，所以这条渠取名"天平渠"。而李汉卿也成为为林州修建第一条水渠的官员。

林县还有一条"谢公渠"，是明朝万历年间，时任林县知县的谢思聪主持修建的。为了修渠，谢思聪不仅多方组织，还捐献出自己的俸禄作为修渠资金。资金短缺时，他还把自己珍藏的铜砚拿去当掉。当铺老板一看，砚台底部刻有谢思聪的名号，立刻明白是怎么回事了，于是便故意提升价格，助其修渠。在这条水渠修成通水之日，当铺的老板将这方铜砚送还谢思聪。这在当地成为一段佳话，广为流传。

　　这条渠长9000米、宽约0.4米，引自红岩谷洪山寺附近的泉眼，起名"洪山渠"。洪山渠解决了18个村庄的吃水问题。后人为感念谢思聪，把这条渠改名为"谢公渠"，还为他建了"谢公祠"，有诗为证："列祖皆旱鬼，来者望天青。一渠长流水，至今颂谢公。"

重新安排林县河山

天平渠也好，谢公渠也好，对于偌大而又干旱的林县来讲，简直杯水车薪。新中国成立后，林县人民又是怎么解决缺水这一问题的呢？

这就不得不提到杨贵。

1954 年 5 月，26 岁的杨贵来到林县就任中共林县县委书记。杨贵初到林县，有一次他亲眼见到，一户老乡家穷得揭不开锅，家里的孩子饿得哇哇大哭。这一幕深深地印在了他的脑海里，挥之不去。

从那时候起，杨贵便暗下决心，一定要改变林县贫穷落后的面貌。也就是从那一刻起，杨贵的命运便与林县人民牢牢地绑在了一起。

杨贵来到林县，没几年就几乎跑遍了林县的每一个村庄，他更加坚定地意识到，要想从根本上改变林县贫穷落后的面貌，必须解决林县缺水的问题。

历史上，林县人打机井、打旱井、挖旱池的方法都试过了。可林县素有"七山二岭一分田"的说法，在林县打井几十米、上百米见不到水是常事。有个村子往地下打了 248 米才见到水。在那个年代，没有先进技术和先进设备，靠打井取水，难于登天。

信念（王紫祯，11岁）

那就兴修水利。

杨贵先是带领干部深入实地调查研究，然后发出了"重新安排林县河山"这一气壮山河的号召。这口号很快就传遍了全县。

从1955年到1959年，短短几年时间内，林县建设取得了显著成就，先后修建了英雄渠、要子街水库、弓上水库、南谷洞水库。这些水利设施直到今天，都还发挥着非常重要的功能。

第二章

发布动员令

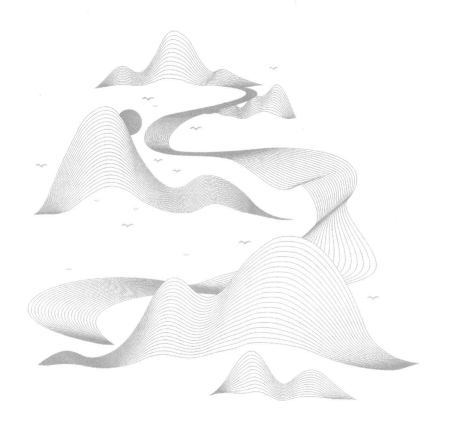

高举旗帜向前进（王怡丹，15岁）

为有源头活水来

正当林县水利建设取得一定成就、人民群众欢欣鼓舞的时候，1959年春天的一场大旱，就像一盆冷水浇到了林县人民头上，把林县人民又重新打回到现实。旱灾期间，大小河流断流，土地龟裂，庄稼枯黄，水库见底。

很多村民又开始翻山越岭远道取水。整个林县仿佛"一夜回到解放前"，又回到了"滴水贵如油"的时代。

这场前所未有的大旱让杨贵明白，要从根本上改变林县干旱缺水的面貌，必须寻找新的水源，而且要跳出林县地界，到外地去寻找。

林县境内主要有四条过境河流，其中三条河流水量比较丰富，它们分别是流经林县境内北部的漳河和中南部的淅河、淇河。于是，林县县委决定，由县委领导带队，加上水利技术人员，共30余人，组成3个考察组，兵分3路，沿着这3条河流向着3个不同方向出发。

考察淅河一组，沿着淅河往上游走到了山西壶关县，考察淇河一组走到了上游的山西陵川县境内，可这两队人马越走越失望：这两条河上游水量都不大，根本不具备大规模引水的条件。大家把希望都寄托在由县委书记杨贵带队、考察漳河的这一组了。

红旗渠是怎样修成的

漳河有清漳河、浊漳河两条支流，都源自山西。清漳河含沙量小，但水流较小；浊漳河水流量大，但含沙量也大。两条支流在与林县搭界的河北省涉县合漳村汇流后称为漳河。

浊漳河流经林县境北，水资源很丰富，但是直接引水却有一个克服不了的困难，那便是要把浊漳河的水引入林县盆地，引水点和渠道必须高过县境内北部的坟头岭，才能保证渠水在重力作用下，自流灌溉林县境内大部分土地。但流经林县的浊漳河都在深山峡谷中，河床海拔高度远低于坟头岭，所以只能溯流而上到地势更高的山西省境内去寻找引水点。

杨贵一行徒步向浊漳河上游走去，一路上翻山越岭，风餐露宿，最后，终于来到了山西省平顺县境内。当走到石城公社漳河附近，听到惊涛拍岸的声音，看到汹涌澎湃的河水时，一行人都兴奋得跳了起来。同行的周绍先激动地说："要把这漳河水引到咱林县，老百姓可就喜气冲天了！"

杨贵当天晚上兴奋得睡不着觉，连夜写了一首诗："三河流水汇浊漳，源头高于天桥上。昔日漳河沿旁过，隆虑大地闹旱荒。神州今朝日月变，定叫漳水来我乡。林县山川抿嘴笑，穷村有水变富乡。山清水秀人体好，风吹大地五谷香。青羊里人多隆虑，谁不抱腹喜故乡。"

异想天开

　　一场围绕"引漳入林"的工程是否上马的大讨论展开了。

　　引漳河水兴修水利，并非林县人创举。早在 2000 多年前的战国时期，西门豹治邺的故事便已流传。因"河伯娶妻"的故事曾经在小学语文课本里出现过，西门豹因而家喻户晓。事实上，西门豹更大的贡献是他率领邺地的民众在漳河凿渠引水，建成了 12 条长渠，灌溉农田，福泽百姓。至今河南省安阳市殷都区安丰乡仍有西门豹祠，千百年来香火不断。

　　西门豹当时是在今河南省安阳市与河北省临漳县交界地带的平原上修渠，而现在是要在太行山的悬崖峭壁上开山凿渠，难度可想而知！

　　早在 1952 年，党中央也曾派专家组到林县实地勘测，但专家组认为当地还不具备兴建大型水利工程的条件，最终没有引漳入林。

　　当时修渠面临重重困难。林县当时的水利技术人才才 20 多个，专业设备更是少得可怜，仅有两台水平仪和一台经纬仪。更何况，那个年代没有大型机械，仅凭着一钎一锤这些原始、落后的工具，怎么可能进行如此浩大的工程建设呢？

　　面对压力与困难，如果换成其他地方，可能工程还没上马，就已经下马了。可林县人偏不信这个邪!

大家纷纷表态:国家没钱,我们自带干粮也要修渠。

1959 年 10 月 10 日晚,中共林县县委召开扩大会议,专题研究引漳入林工程。

会上,县委书记杨贵满怀激情地说:"我们为什么一定要修这条渠?就是要从根本上改变林县'十年九旱,水贵如油'的面貌。有困难,咱不怕,群众是真正的英雄。只要充分依靠群众的力量,我们就有了成千上万个'孙悟空'。困难像弹簧,你弱它就强。工程量浩大,我们人多力量大,可以充分发挥人民公社集中力量办大事的优势;工具欠缺,大家自带设备,个人没有的生产队负责,工具修理由各公社负责;条件艰苦,大伙儿就自带口粮,每人暂定一斤或一斤半,不足部分由集体储备补足;遇到困难,我们就来学习毛主席《愚公移山》等著作,从中寻找精神力量……"

会议从傍晚开至次日黎明,当旭日从东方冉冉升起的时候,县委会议室响起了热烈的掌声,"引漳入林"工程决议通过了!

这是一个决定林县未来命运的会议。这个决议,将把林县人永远镌刻在历史的丰碑上。

水从山西来

    从山西一回来,杨贵就赶紧摊开地图,用红笔在上面不停地圈画,他要选出几个可行的引水点。最终,大家商议后,把引水点定在了山西省平顺县辛安村。这里虽离林县稍远了些,但海拔更高,水引过来后会有更多的地方用上水。大家甚至还畅想着,水流到林县,就相当于在林县修建了一条大运河,说不定河面上还可以行船呢!

    林县县委马上给地委、省委打了一份请示报告,请求上级与山西方面沟通,商量解决水源问题。河南省委对林县兴建"引漳入林"工程非常关注,很快就给山西省委写了信。河南省委书记处书记史向生和省委秘书长戴苏理还以个人名义,给中共山西省委第一书记陶鲁笳、书记处书记王谦写了信,并交代林县县委委员王才书携信前去山西省委汇报具体事宜。得到消息后,王才书等人立即持信搭上火车,直奔山西太原。此时日历已经指向了1960年1月27日,正值农历腊月二十九,第二天就是春节了。

    县委书记杨贵也没闲着。他也想到了陶鲁笳。新中国成立前,陶鲁笳长期在林县太行山根据地工作,算是半个林县人,对革命老区感情深厚,而且了解林县缺水的情况。于是,杨贵拨通了陶

红旗渠是怎样修成的

书记的电话。

实际上，林县与山西省在历史上渊源颇深。"问我老家在何处，山西洪洞大槐树。"林县人大部分都是明初从山西移民过来的。数百年来，两地文化相通，骨肉相连，甚至方言都很接近。遇到兵灾、旱灾，林县人常逃荒到山西谋生。平顺县许多人的老家就是在林县。山西省长治市有个叫"林移村"的村庄，就是林县人当年逃荒过去后形成的。

1960 年 2 月 1 日，也就是农历正月初五，山西省委召开了会议，同意了河南方面的请求，指示平顺县积极配合林县做好相应工作。杨贵收到河南省委转来的回信，说话声音都发颤了："万事俱备，只欠东风！这下可以定音了！马上动员全县人民，干！"按捺不住内心的激动，杨贵马上给还在太原的王才书打了电话，要他趁热打铁，赶快去和平顺县对接。就这样，王才书又马不停蹄地从太原赶到了平顺县。

平顺县最终从大局出发，决定积极配合林县水利工程建设。平顺县的干部说："平顺县和林县，山连山，心连心，就差通水了，将来水通了，喝的就是一河水了！"

考虑到山西方面还要在平顺县辛安村附近修电站，所以双方最终认定的引水点是平顺县石城公社的侯壁断。这里就成了红旗渠水的源头。从此，侯壁断，一个原本名不见经传的地方，开始逐渐走进大众视野。

1960 年 2 月 6 日这一天，杨贵在日记中写道："'引漳入林'工程很大，现在正是困难时期，国家无力投资。如果等到形势好转后再修建，那时会出现什么情况，很难预料。山西方面同意引水这个机会不可失，错过机会，林县人民可能将永远受缺水之苦……"

很多年后，当杨贵和陶鲁笳都调到了北京工作，两个人聊起

人工天河（申雨薇，12岁）

红旗渠往事时，陶鲁笳说："那时候，你们给我汇报，我还以为你们只是搞一个小渠，谁知道你们竟然修了这么一条'人工天河'！"

勘测与设计

"引漳入林"工程就这么定下来了，但是，一直有个问题让杨贵放心不下：渠修好后，水能从山西流过来吗？

这么大一个工程，集全县之力修渠，万一技术测量出现误差，水引不过来，如何向林县父老乡亲交代？

说起引水，就不得不提太行山。太行山位于山西省和华北平原之间，绵延 400 余公里，是中国出现最早的山脉。

太行山地势险峻，千峰耸立，古时著名的"太行八陉"，即太行山中 8 个窄窄的峡谷，是以前河南、河北、山西三省穿越太行山脉的交通要道。林县紧邻的太行山属于南太行，是典型的嶂石岩地貌，处处是连绵不断的红色崖壁，有人称之为"万丈红绫"。

总干渠全在太行山的悬崖峭壁上，随山势蜿蜒盘旋，水完全靠重力自然流过来，那就得充分考虑两地的落差问题。引水地点设在了山西平顺县侯壁断下 600 米处浊漳河的右岸。这里海拔464.75 米，到林县的坟头岭全长 70635 米，海拔比坟头岭高 14.7 米。

落差只有 10 多米，如果测量不够精准，其结果就有可能失之毫厘，谬以千里。这对渠线的勘测、设计和施工都提出了相当高的要求。

这是个高难度的技术活儿，谁能胜任此项工作？杨贵把目光投向了年仅 26 岁的吴祖太身上。吴祖太，毕业于黄河水利学校，放弃新乡地委舒适的工作环境，偏偏愿意跑到林县这穷山恶水的地方来搞水利建设，一门心思就想帮林县人民解决吃水难的问题。

领到任务后，吴祖太二话不说，马上和测量小组投入到忘我的工作当中。时值寒冬，修渠路线全在半山腰，许多地方人迹罕至。他们攀悬崖，登险峰，在上不着天、下不着地的绝壁上勘测。饿了，大家就着冰雪啃块干馍；晚上，就伏在煤油灯下精心计算勘测结果。

有时因为地势陡峭，水平仪在悬崖上找不到合适的支点，吴祖太就让人把自己吊在悬崖边，把水平仪的支点放在自己的肩膀上。

测量到号称"小鬼脸"的险峰时，因无法攀登，队员们就往返数趟，蹚过冰冷刺骨的河水，从对岸逐级测量，推算渠线的位置。

"引漳入林"工程选线期间，有一天，吴祖太和他的测量小组爬上了翟峪沟。这里两山夹一沟，沟深坡陡。根据地形，他们设计了一个架设渡槽的方案。但是，吴祖太不放心，正巧望见一位老汉在岭上放羊，便拿着图纸凑上去让老人家看。老人说："我活了71岁，见这沟里发过3次大洪水，水头正冲着你们画的那座桥。"吴祖太听后冒出一身冷汗，又反复勘测，改设成了一条盘山渠道。

就这样，历经千辛万苦，克服重重困难，测量人员用最短的时间，完成了实地勘测和蓝图设计，拿出了三套设计方案。杨贵还是担心测得不准，吴祖太又带人多次复测，最后郑重地对杨贵说："杨书记，我们的设计没有问题，我可以用脑袋担保！"

事实上，修渠过程中，这个问题一直萦绕在杨贵脑海中。一位领导曾当面向杨贵提出一系列技术问题，让杨贵又一次感受到巨大的压力。他随后要求县水利局立即组织力量，再仔细测量一次，确保万无一失，并且交代："如果咱测量不准，哪一个环节

红旗渠是怎样修成的

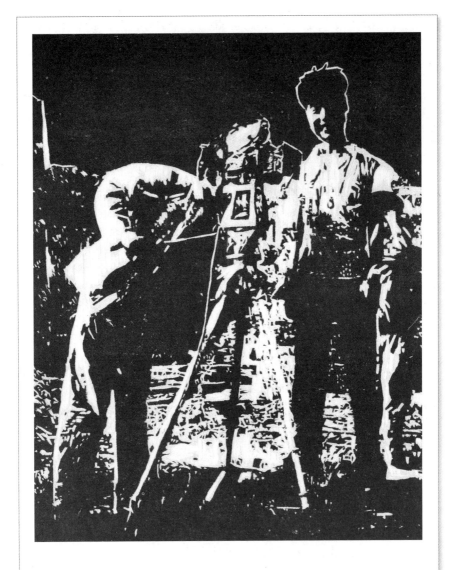

勘测与设计（申淑贤，12岁）

出了问题，待渠修成了却引不过来水，到那时咱们只有从这太行山上跳下去，向全县百姓谢罪了。"

当反复勘定后确定下来的设计方案摆到杨贵的办公桌上时，杨贵悬着的心终于放了下来。一场"劈开太行山，漳水穿山来"的人间奇迹就要上演了！

誓师大会

"全县所有工农商学兵及全体战斗员和指战员同志们：'引漳入林'是我县人民群众多年来梦寐以求的事情，在党中央、毛主席和省、地委的正确领导下，经过全县各级党委的多方面努力，这一理想很快就要变为现实了。伟大的划时代的'引漳入林'工程，定于明日正式开工……"

这是 1960 年 2 月 10 日晚上，林县县委、县政府召开的"引漳入林"广播誓师大会。县委书记处书记李运保代表"引漳入林"总指挥部向全县人民宣读《引漳入林动员令》，收听的干部群众达 40 余万人。电波划过了林县寂静的夜晚，迅速传遍林县各地。

这是一条永不消逝的电波。时至今日，当我们看到它的全文时，也依然能够想象出当时的场景，能够感受到李运保胸腔里迸发出的豪情，能够听到林县人民聆听动员令时怦怦的心跳声。

这注定是一个群情激昂的夜晚，一个载入林县历史的不眠之夜。林县就要翻开新的篇章了！林县人民等待这一天实在太久了！

动员大会刚结束，距离县城 20 公里的采桑公社先遣队就在公社党委副书记秦宽录的率领下赶到了会场，等着天一亮就奔赴工地。李运保已回到了家，听说后又骑着自行车折返回来，劝大家先回去。可没有人回去，他们说要打响全县第一炮。

凌晨两点，城关公社的王朝文接到参加施工的通知，不等天亮，就和邻居们结伴出发了。

凌晨四五点，井湾大队妇女队长李改云就带着本村 200 多人出发了。

横水公社 60 多岁的社员赵连生说："我就是把这截身子化了，也要变成一截渠道！"修建英雄渠时受了伤的李天福还正在医院治疗，听到消息，卷起铺盖就要出院，医生拉都拉不住。

一张张决心书、一份份誓言像雪片一样汇聚到总指挥部。在修渠者经过的道路沿途，有人自发设立茶水站。采桑公社一名女青年接过水，满怀信心地说："今天喝你一碗水，来日还你一条河！"

林县人民用自己的实际行动，表达出向太行山宣战的决心，发出怒吼：林县人民多壮志，誓把河山重安排！

1960 年 2 月 11 日，农历正月十五，黎明刚过，一支数万人的队伍便行进在蜿蜒的太行山上。全县 15 个公社的数百个村庄里，不约而同地出现了一队队人马，他们扛着红旗，背着行李，自带干粮，赶着马车，拉着平车，推着小推车，载着炊具和工具，冒着刺骨的寒风，向着浊漳河畔进发，向着幸福出发。

红旗渠是怎样修成的

齐心协力（李姿颖，12岁）

第三章

自己动手

丰衣足食

红旗渠是怎样修成的

愚公移山（李宜霖，13岁）

愚公移山，改造中国

　　"劈开太行山，漳河穿山来。"要从山西省平顺县引来漳河水，就得劈开整座太行山。这项工程完工得需要多少人力、多长时间？

　　这些问题当初林县县委不是没想过。就在开工前半个月的大年初一，借着县委领导和机关干部来家拜年的机会，杨贵给各位同志出了道题：总干渠全长 70000 多米、宽 8 米、高 4.3 米，上 70000 人，每人承包 1 米，大家算算，这条渠修成需要多长时间？

　　这听起来似乎是一道简单的小学数学题。有的说："老百姓盖 5 间房，也不过个把月，一人挖 1 米，两个月没问题。"县长李贵琢磨了一下说："就算每人 3 天挖 1 方土，100 天怎么也能完成。"杨贵当时大手一挥，说："别说 3 个月，如果 5 个月能把水引来，我请大家喝酒、吃花生。"

　　"五一通水，坐船回家"，这是当时红旗渠工地上一句响亮的口号。可真正干起来，才发现绝非易事。

　　按照工程设计规划，在 70.6 公里的战线上，要斩断 550 道山岭，填平 450 条沟壑，搬掉 350 座山峰，架筑百余个桥隧，还要闯过数百道悬崖峭壁、穿越 5 座大山。实际工程量绝非纸面上计算的那么简单。

　　修建红旗渠最大的问题是需要在山上修渠。太行山上到处都是石英岩，打石头用的钢钎都没有石头硬。而且渠线都是绕着漳河，沿着山腰来修，山势怎么曲折，它就怎样蜿蜒。修渠得保证渠底面平整，而山上向来多斜坡，修渠时就得把渠道高的一边削低，低的一边垫高。而且有的山体陡峭笔直，别说没有路，连个站脚的地方都没有。施工难度之大可想而知。

再有，由放炮崩山导致的山体滑坡、塌方，随时会危及施工现场安全。几万人一字长蛇，挤在狭窄崎岖的山路上同时施工，交通受阻，前方人手不够，后方干着急上不去。其他的，如后勤调度、各方沟通协调……整个工程就是一盘棋，哪步走不动都会影响到整个工程进度。

更现实的问题是，拿什么劈开太行山呢？

古代有"愚公移山"的故事。恰巧故事发生地就在南太行山一带，但故事的结局是愚公感动了天帝，天帝命两位大力神搬走了太行、王屋二山。可人世间哪有什么天帝、大力神，改天换地只能靠人民群众自己。

当时林县连像样的工具都没有。什么挖土机、电钻、塔吊、压路机等，这些现代化机械设备一样都没有，甚至最初连辆施工的汽车也没有。

那么，林县人民修渠时都有什么装备呢？铁锹、铁镐是工地标配，遇到泥土或碎石地段，或需要土方回填时，就可派上用场。铁锤、钢钎是必备工具，专门用来"啃"石头这样的"硬骨头"。小推车是最为实用的运输工具。藤帽用来防止被落石砸伤，是工地施工必戴的安全帽。麻绳是山崖上凌空除险时绑在腰间的生命索。马灯在夜间寻路和洞中施工时，都发挥了不可替代的作用。

有的东西实在没有和造价太高，那就自己动手制造。采桑公社不少民工为了打好第一个漂亮仗，通宵加班，在煤油灯下修理、改进工具。炮手潘秀廷更是在月光下一夜打炮捻近 400 条。合涧

愚公移山，改造中国

土法上马（薛媛媛，14岁）

公社民工经过几个不眠之夜，用土法创造出运土机、快速刮土机、空中运土机、自动倒土机和滑车，大大提高了工效。这些技术革新很快便在全渠线得到推广。总指挥部趁热打铁，喊出了"人人献计动脑筋，巧战太行搞革新。苦干实干加巧干，力争渠道早修成"的口号。各个公社比着搞技术创新，搞经验推广，搞劳动竞赛。

林县人还用土办法自己烧石灰，自己碾火药，自己制水泥。缺少专业测量设备，就用水盆、木板等制作成简单的水平仪来测量渠线。

"只要功夫深，铁杵磨成针。"林县人充分发挥愚公移山的精神，凭着这些近乎原始的设备，加上土法创制的工具，硬是把太行山给凿开了。

红旗渠渠道旁，有一条标语最为醒目："愚公移山，改造中国。"

正式开工

1960 年 2 月 11 日,正值农历正月十五,"引漳入林"工程正式开工!

浩浩荡荡的 3.7 万人的修渠大军拥到山上,一时漫山遍野,人欢马叫,红旗招展。为了"引漳入林"工程,林县县委专门成立了领导机构——"引漳入林"总指挥部。

工地上实行半军事化管理,一切行动听指挥。

按总体规划,总指挥部将渠首到坟头岭 70.6 公里的干渠任务打桩分界,分配任务,包段进行。在修渠劳力安排上,按照"谁受益,谁负担"的原则,按工程任务量和公社受益面积的大小,将任务按一定比例分配到各公社,再落实到各大队。事实上,在红旗渠修建过程中,人民群众觉悟普遍较高,不计较局部利益得失,不论受益或不受益,各个公社的社员几乎都参加了修建。

工程刚动工的时候,整个林县只要是强壮劳动力,全都上了修渠工地。剩下的老、弱、病、残等在家参加农业生产。后来,各公社、大队妥善安排劳动力,平时安排专人参与修渠,到了农闲大搞竞赛突击,既保证了农业生产,又不耽误修渠工程进度。

修渠过程中,实行个人劳动定额包工制,以定额工作量补助生活费和粮食。同时,每天的任务当天分配,当天计算,超额了可以多记工分，到了月底核实工数。这样多劳多得，大家都比着劲儿干。

你绝对想不到，当时工地上还流行过一种"觉悟票"呢！为考核劳动成果，分别印制了红、绿两种颜色的票。对劳动好、工作踏实、干劲儿大的，发红票；相反，发绿票。全月不旷工和全红票为一功，记在功过簿上。这种票，平常生产队考核时使用过，在修建红旗渠时也使用过。这种带有奖惩性质的工分票在当时的中国可能是林县人的独创。

工地条件很艰苦，大家却干得热火朝天。虽然经常忍饥挨饿，但大家却觉得浑身有使不完的劲儿。指挥部还成立了以英烈名字命名的"刘胡兰突击队""孙占元突击队""董存瑞突击队"等。全工地开展检查评比和红旗竞赛，哪个队夺了红旗，总指挥部就开会表彰，授红旗，奖励放电影。

大家纷纷把誓言写成标语，贴在工地墙上，甚至还写在太行山的石壁上："红军不怕远征难，我们不怕风雪寒。饥了想想过草地，冷了想想爬雪山。渴了想想上甘岭，千难万险只等闲。为了渠道早通水，争分夺秒抢时间。"

在山崖上安家

当听说"引漳入林"工程有几万人时，山西省平顺县委书记李琳连呼："疯了！""不要命了！"要知道平顺县当时一共才 17 万人，把石城公社的民房都腾出来也不够修渠人住。林县的领导干部也都没想到，林县人这么大冲劲儿，开工的第一天，就上来了几万人。

总干渠从侯壁断下引水，沿渠经过的石城公社、王家庄公社共十几个村竭尽全力为林县来的修渠人员腾出了 230 多间房子，勉强解决了 1000 多人的住宿问题。但是，还有数万人的吃住问题，怎么办？

1960 年 2 月 11 日正式开工当天，林县 15 个公社就全动员起来了，大家都往指定修渠路段赶。

有人问带队的公社干部："咱们晚上住啥地方？"

这位公社干部神秘地说："晚上带大家住清凉宫。"

"清凉宫，这名字还怪好听的。"有人很是好奇地说。

"既然是宫，应该是个寺庙，要不就是大殿什么的。"有人开始胡乱猜测。

一直走到天黑，来到了一座山崖下。带队干部用手一指，说："到了，就这儿！"然后把背了一路的行李放了下来。

在山崖上安家

大家一看，恍然大悟，原来这就是"清凉宫"啊！

"这地方清凉不假，可没宫呀？"有人故意打趣道。

带队干部笑着说："蓝天白云做棉被，大地荒草做绒毡。高山为咱站岗哨，漳河流水催我眠。你们说，这不比皇帝老儿住的宫殿还舒服？"

一席话，把大家伙儿全逗乐了。

可是，还有一个棘手的问题摆在大家面前：几十号人挤在一起，有男有女，怎么睡？大家集思广益，一字排开铺好被褥，男左女右，顺次躺下，中间由一对夫妻将男女分隔开。

可是，没想到山里昼夜温差那么大，睡到后半夜，只感觉山风就像利箭一般，嗖嗖地直往被子里面钻。大家咬着牙，暗暗叫苦："果然是个清凉宫！"

为了解决住宿问题，也为了施工方便，大伙儿就用镐头在施工现场旁边的山崖上掏出来一个个小山洞来安身。掏好后，再从山坡上割些草垫到下面，铺盖往上一放，就改造成"洞房"了。只是每个山洞都特别小，不能翻身，不能抬头，晚上一起身就碰到脑袋。

当时修渠大军想尽各种办法去解决住的问题，实在找不到合适的地方，就垒石庵、挖山洞、睡崖下、躺石缝……工地附近没有崖洞的，就支起来几个棚子，有时半夜三更刮大风，顶棚给吹跑了，人又实在太困，那就头顶满天星，继续睡。

在山西省平顺县马塔村对面，曾经有一个村子，老百姓把它叫作"林红庄"，意思就是林县在修红旗渠时修渠人住的村庄。当时修红旗渠的民工没有地方住，有几千名民工就在一片乱坟岗搭棚住了下来。在整个修建红旗渠的过程中，大家常常人随渠走。当这段渠修成后，修渠人撤走，林红庄也就消失了。

吃糠咽菜的日子

"兵马未动，粮草先行。"3万多人在山上安营扎寨，埋锅造饭便成了头等大事。

当时正值国家三年困难时期，粮食、物资匮乏。有的人因为饥饿，实在没东西吃，就吃"观音土"。许多人因长期营养不良，得了浮肿病。没有经历过大饥荒，很难想象出，真正的饥饿究竟是一种什么样的感受与滋味。

工程开工不久，有一次杨贵到工地上巡视，没走多远，忽然眼前一黑什么也看不见了。随行的通信员赶紧把包里的干粮拿出来，掰下来一块放进杨贵嘴里。过了一会儿，杨贵才慢慢睁开了眼。这时的杨贵还不忘跟大家开玩笑："常听说饿死人，这就是饿死人吗？看来饿死也不难受！"

凡是修过红旗渠的人，都对当年那段吃不饱饭的日子记忆深刻。

有一次，修渠人任羊成当着省委书记刘建勋和县委书记杨贵的面，一口气吃了一碗面条、20个红薯面馍，又喝了两碗面汤。一顿饭干下去5斤，才说"差不多"了，把两位书记惊得目瞪口呆。

当时工地上吃什么呢？吃糠咽菜。早上喝稀饭，吃窝头；中午把红薯片、玉米面和糠拌在一起，蒸成糠窝头；晚上稀汤里煮几片菜叶。一日三餐几乎都是这样。

吃糠咽菜的日子

当年工地上有个小伙子很奇怪。早上吃饭时,每人一个玉米面窝头和两碗菜汤,但他只喝两碗菜汤,拿着窝头却不吃,而是揣在怀里。工地领导发现了,就问他为啥不吃。小伙子说:"窝头等快到工地时再吃,要不然一到工地就消化完了,上午干活儿就没劲儿了。"

工地上的蔬菜也很少,只有改善生活时才会有一点儿萝卜和白菜。油和其他副食就更少了,连盐也是限量供应的。

说起盐,工地上还流传着一个关于马有金"三段论"的故事呢!有一次,任羊成来工地指挥部,看见红旗渠总指挥长、副县长马有金正往杯子里面放什么东西,还以为是在冲白糖水,便端起杯子尝了一口,尝了后才知道杯子里放的不是糖而是盐。

任羊成边咂舌头边问:"老马,你为啥喝盐水?"

马有金回答:"喝盐水,容易渴;渴了,就得喝水;喝水,就能把肚子撑饱……"

红旗渠总指挥长马有金就是用这个办法把肚子填饱的。

为了让大家填饱肚子,负责伙食的同志也想尽了一切办法,但凡能吃的野草、野果、米糠等都不放过,连树叶和能吃的树皮也吃了。

毛主席在他的诗词中说:"可上九天揽月,可下五洋捉鳖。"民工可每晚揽月入怀,但不能"下五洋捉鳖",那就上山挖野菜、下漳河捞水草充饥。工地伙房还想办法把水草剁成馅儿,包成包子。这水草包子皮儿薄,馅儿多,大家都说好吃。

"只要思想不滑坡,办法总比困难多。"大家都攒着一股劲儿:下定决心,不怕牺牲;排除万难,争取胜利!

第四章

千军万马
战太行

千军万马战太行（李欣儒，12岁）

人墙截流

山西省平顺县侯壁村北 2.5 公里处,漳河水从这里猛跌下来,在峡谷中奔腾呼号,狂飙东去。这里就是侯壁断。渠源引水点,就定在这里。

按照设计方案,要在侯壁断下 600 米处修筑一条溢流坝,将浊漳河水拦腰斩断,把水位提高到一定高度,保持水流有足够的势能,这样才能让河水乖乖地依照规划的线路爬上右岸的太行山,再顺着总干渠流入林县。

这是整个"引漳入林"工程的开端,也是征服漳河的第一个战役。任村公社 500 名男女社员勇敢地担负起了修筑渠首拦河坝的重任。大家纷纷表态:"我们都有两只手,漳河水再凶,也能制服它!"

古城村民工连长董桃周在河边来来回回走了几圈,与几位老工匠商定,要截流首先从两岸浅水处着手,最后再集中力量截断中间的"龙口"。

用什么截流呢?当时没有钢筋混凝土,大家就用石头、草包、沙袋来截流。

为了筑坝,女民工和男民工一样背石头。盘山村的几位女青

人墙截流

红旗渠源（杨雯清，14岁）

年肩膀被压得又红又肿，一个月内垫肩磨破了6个，布鞋穿破了4双。她们就在鞋底上钉上自行车轮胎，把垫肩用帆布补了一层又一层。

经过一个多月的奋战，顺利完成了一、二两级截流工程。最困难的时刻到来了，这就是第三级截流合龙！一切工作准备就绪，壮士们一个个摩拳擦掌，要与漳河激流决一死战。

随着一声号令，壮士们把一个个沙袋、一块块石头抛进激流，结果瞬间就被咆哮的河水席卷而去，就连一二百公斤的大石头抛下去，也都被冲得无影无踪。

红旗渠是怎样修成的

怎么办？有人提议，在河两岸打上木桩，中间扯上铁丝，然后再堆放沙包。于是，大家马上动手，可谁知漳河水像被激怒了一样，刚扔下的沙包一下子又给冲了个七零八散。

这时，杨贵和总指挥部、分指挥部领导都赶到了这里，大家绞尽脑汁，一起想办法。

"物料堵不住，要是用人来挡呢？"现场有人突然大胆地提议。

"不行！这太危险！三四百斤重的石头都能冲跑，人才多少斤？天气还这么寒冷，河两边还有冰块儿呢，人跳到水里，哪能撑得住？"领导一听，直接反对。

可是时间不等人。大家都明白，这是引漳入林第一仗，工期进程与成败直接关系到整个工程的进度。更何况，现在还是枯水季，一旦等到汛期，漳河水猛增，到那时更是"洪水猛兽"了。

面对艰险，任村大队施工连连长张立方和以党、团员组成的突击队队员们发出了铿锵誓言："头可断，血可流，完不成任务不罢休！漳河就是一座刀山、一片火海，我们也要闯！"

于是，壮烈的一幕出现了：40多名壮小伙手拉手，臂挽臂，肩并肩，一起跳进急流，筑起了一道人墙。冰冷的河水撞向人墙，把突击队队员冲得东倒西歪。紧接着，更多的干部、民工纷纷跳进河中，用他们的血肉之躯又筑起了第二道人墙、第三道人墙、第四道人墙……壮士们围成的人墙方阵像磐石一般牢牢地钉在了河道中央。

此时，指挥部拿来几瓶烧酒，让下水的队员喝上几口。河岸边燃起了篝火，医务人员做好了救护准备。

漳河水在人们的钢铁意志面前，终于被驯服了。它打着漩儿，哀叹着越过两边的石坝流向下游。担负垒堰任务的数百民工迅速抬石头、背沙袋，在人墙下游垒起一块块巨石，加上一个个沙袋。经过3个小时的激战，拦河大坝终于合龙成功了！

人墙截流

人墙截流（李姿颖，12岁）

　　1960年5月1日，历经几个月的奋战，包括拦河溢流坝、引水隧洞、引水渠、进水闸、泄洪冲沙闸在内的渠源及渠首拦河坝工程胜利竣工。浊漳河的水按照林县人民的意愿，乖乖地流进了渠道内。

征服石子山

"石子山,鬼门关,腰系白云峰触天。猴子不敢上,禽鸟不敢沾。风沙弥漫漳河岸,尘烟滚滚把路拦。吼声震得山谷响,登山还比上天难。"

这是当地流传的一首民谣。

就在任村公社鏖战渠首拦河坝时,东岗公社的修渠民工们正在石子山上奋战。

石子山位于平顺县豆口村南,是红旗渠总干渠必须通过的一道险关。这里地质结构特殊,山体下部是20—30米的石英岩层,上部是130多米高的鹅卵石堆积层,石缝间还夹有细沙。整座山就这么突兀地矗立在浊漳河南岸,横亘在修渠线上。

总干渠要从石子山的山腰上穿过,这简直就是一道鬼门关,水渠咋从山腰上穿过去呢?

人若想登上山,难比登天。因为山体陡峭光秃,手无攀抓之物,脚无蹬踏之处,稍有闪失,人就会滑落悬崖,摔个粉身碎骨。别说登山,有时靠近山体都会有危险。因为山上缺树少林,石质疏松,一有个风吹草动,山坡上的石头就会滚落下来,难怪这里被称作"石子山"呢!

怎么办?放炮。放炮崩山。用炮崩出一道口子来,崩出一道

征服石子山

腰际线来。

要崩山，就得先安炮眼。大家研究后决定，从山峰旁绕到山腰，在那里戳出一个窟窿，用炮打开前进的道路。于是，修渠民工把粗麻绳捆在腰上，每天一步一步地往前挪，来到打炮眼的地方，在半山腰上抡锤打钎。就这样，苦战10个昼夜，终于打出了一个直径3.5米、纵深18米、往下直拐6米的大炮眼。

激动人心的时候到了！只听一声巨响，填装了2125公斤炸药、268个雷管的炮眼处瞬间崩塌，半架山都炸开了。

放炮过后，石子山上松动的石头像山洪般哗哗地直往下滚，整整滚了三天三夜。遇到山风，山石又开始往下滚落。谁也没想到，炮崩后会落下这么多石头。工地上漫山遍野都是石头，这可怎么施工干活儿？

正在大家一筹莫展的时候，副县长马有金来了。

只见他抬脚走到一堆大石头前，蹲下身，指着一块120多斤重的大石头，招呼道："快来俩人，把这块石头抬到我肩上，让我试试用肩膀背中不中。"

看着马县长慢慢站起来，背着这块大石头，一步步地向漳河边走去，在场的人都惊呆了。马县长的意思是要用肩膀背石头的笨办法，来清除这石子山不计其数的石头啊！

这是现实版的"愚公移山"啊！

顿时，大家纷纷加入搬运石头的队伍。各个公社指挥部也都安排民工加入搬石头的队伍中。这支队伍就像滚动的雪球，愈来愈大。

运石路上更是八仙过海，各显神通。有肩扛的，有双手抱的，有俩人抬的。就这样，大家用蚂蚁搬家的办法，用了整整7天时间，终于把山上滚落下来的石头清理得干干净净。

为了确保工地施工安全，民工们又在倾斜近80度的山体陡坡

石子山，鬼门关（薛媛媛，14岁）

上横向挖出一条深沟，把下落的石流拦腰截断，再拉起四道防护网，这样基本上就做到了万无一失。

怎样才能把石料快速运到工地，以加快施工进度呢？这次大家想出了巧办法，在山腰与河滩之间架起了空中运输线，沙筐、料石、灰斗等在上面来往穿梭，上下飞舞。施工进度一日比一日加快，石子山险段终于被征服了。

强攻红石嶂

过了石子山，来到红石嶂。

如果把红旗渠的修建看作闯关的话，那么，石子山就是一道难关，而红石嶂则是又一道难关。

位于石子山东面的红石嶂，有160多米高、187米长，背靠太岁峰，前临漳河水，高高地矗立在浊漳河畔。

这里地质结构复杂，上面是坚硬的石英岩，下面是易碎的风化层页岩。渠道要从红石嶂的下半截通过，就面临着下方施工，风化层页岩承受不了上部压力的难题。

最终，大家决定攻其"上盘"，从顶端往下劈开。

从山顶劈下来，搬掉红石嶂，漳河水才能引过来。这意味着需要劈下90多米高的石嶂。那么放一两门大炮只能算作给它挠痒痒，那就给它放个"连环炮"。

东岗公社有70多名强壮劳力登场了。

只见他们腰系绳索，吊在半空，凌空打钎，日夜不停地战斗，准备打出12个大炮口。可没想到的是，红石嶂的石头无比坚硬，打一锤，那钢钎只是在石头上蹦一蹦，撞出火星，钎头根本打不下去，甚至有的钎头都被石头顶折了。

钎头是经过高温冶炼的钢做的，为什么没石头硬呢？原来土

红旗渠是怎样修成的

法制的钢钎，钢质不好，用不了多久就会废掉。如果有军用工具估计就好得多。没想到真有人搞到了一批抗美援朝时挖掘坑道剩下的钢钎，这些钢钎立马成了工地上的宝贝。可惜数量太少，大家舍不得用，就把一支支钢钎截成几段，分别焊在土法制的钢钎头上，这样一支就能变成几支来用。

工地上可是需要不少的钢钎头的。于是大家就在工地边架起了两个铁匠炉，配备了6名打铁匠，从早到晚叮叮当当地捻钎头、修钎头。当时在工地上，一个公社、一个生产队就是一个战斗堡垒，工具修理也都由各公社负责，各队会将废钢铁送到工具修理点集中修理使用。为了节约，钢钎用短了改制成撬杠用，撬杠短了改手钻，充分做到废品回收再利用。当时工地上喊出了一个口号："一颗红心两只手，自力更生样样有。"

在坚硬的石英岩上打炮眼，除了要有比石头还要硬的钢铁意志外，还要发挥聪明才智。为了减少钢钎磨损，打钎人就在石头上洒些水。为了取得更好的效果，打钎人会先打个小洞眼，放些炸药，放个小炮崩一崩。这样崩一崩，打一打，炮眼自然就愈来愈大。

当12个深13米、直径1米多的炮眼全部打好时，每个炮眼都装进了1000公斤炸药，布成的连环炮一齐点燃，同时爆破，只听轰的一声，震天动地，半个山头应声而倒。民工们高兴地唱道："连环炮，不简单，一炮崩掉半架山。再有一组连环炮，定叫高崭下河滩。"

东岗公社民工们征服石子山，攻下红石崭，打出了自己的威风，屡屡夺得工地优胜战旗，被总指挥部评为"无坚不摧模范营"。

舍己救人李改云

1960年2月11日，开工修渠第一天的凌晨四五点，24岁的姚村公社井湾大队妇女队长李改云便带着本村230多名青壮年出发了。

出发时，村里大食堂发给每人6个窝窝头，这是两天的口粮。晚上住宿时，大多数人就睡在老百姓家的院子里或打麦场上，第二天起来接着赶路。大家早就憋足了劲儿："头可断，血可流，不修成红旗渠不回头。"

就这样，他们肩背行李，手拿工具，步行30公里，提前两天到达修渠的任务点——山西省平顺县境内王家庄公社豆口村附近。

修渠人员按部队编制，井湾大队和其他三个村为姚村公社第一营，李改云任第一营妇女营长和井湾大队妇女连长，同全体民工一样，抡锤打钎，开山凿渠，战斗在陡峭的山崖上。

开始干活儿时，李改云给自己带的队伍改名叫"刘胡兰突击队"，这是工地上第一个女子修渠突击队。她们与男人们展开了劳动竞赛，看一看每一天谁的进度快，一个月内谁得的小红旗多。

工地全是陡坡，稍有不慎，就可能掉入旁边的万丈深渊。鉴于当时发生过几起安全事故，总指挥部开会，要求每个连必须有一名领导负责每天的安全检查。身为营长的李改云，既管生产又

病床上的李改云（申雨薇，12岁）

管安全。她一边带大家干活儿，一边手提简易喇叭不时地喊话，提醒大家注意安全。哪怕在休息间隙，李改云也不放心，还要到每个工作点上去检查一遍。

然而，不幸的事情还是发生了。

2月18日上午，大家正在热火朝天地劳动，山崖上的土一直往下掉，后来上面掉下一块石头，正好滚到李改云的脚边。李改云抬头一看，呀！上面的土崖裂开了缝，眼看就要塌下来了。情况万分紧急，李改云赶紧喊道："快快快！山石快塌了！快躲开！"

当时崖下有十几名民工正在埋头挖渠基，听到呼喊后，大家赶紧疏散。16岁的女青年郭焕珍被这突如其来的险情惊呆了，愣在那儿一动不动。就在巨石坍塌的一瞬间，李改云一个箭步冲上前，把郭焕珍推出老远。李改云还没来得及后撤，土崖劈落下来，砸在了李改云身上。

人们赶紧跑过去，七手八脚地刨，先把李改云的上半身刨出来了，等到把她的腿拔出来时，她已经不省人事了。她的右小腿

舍己救人李改云

仅有一些皮连着，血和泥土黏在一起，惨不忍睹。有些经验的人马上用绳子将她的大腿扎住，以防止继续出血。大家迅速找来一副担架，抬着李改云就往医院跑。当李改云醒来时，听见有人在身边哭，心想自己快不行了，便交代说："在信用社里我还存有10元钱，你们帮我把它交了当党费吧！"然后就又昏死过去。

等把李改云送到总指挥部临时设置的盘阳医院时，已是晚上。看到李改云血肉模糊的腿，医生都哭了。急救时，医生尚克元、护士王麦荣分别从自己身上割下来一块皮肤给李改云做植皮手术。但要想保住李改云的命，恐怕就得截肢。县委书记杨贵知道后下了死命令：人要保住，腿也要保住，不能让英雄流血还流泪！

4月18日下午，一架直升机突然降落到了任村公社盘阳村。这是河南省委专程派来的飞机，要把李改云接到郑州市最好的医院接受治疗。李改云舍己救人的英雄模范事迹很快传遍了整个红旗渠建设工地。

经过抢救，李改云的右腿虽然保住了，却落下了终身残疾。她的右腿比左腿短了四五公分，走路不太稳，每逢阴雨天，她的那条伤腿就疼痛难忍。但是对于自己当年的举动，李改云从没后悔过。她甚至想，如果死了，就埋在渠上。因为来修渠的时候，她向老支书表过态，也发过誓，说要修不成渠，不把水亲自带回来，自己决不回去。

事实上，当时去修渠的人都是这样想的，只要能把水引回来，就是丢了命也不足惜。

今天，在李改云曾经战斗过的地方，有一座为方便山里人进出的桥，名字就叫"改云桥"。

改名红旗渠

"引漳入林"工程开工后，大家都知道这是林县历史上开天辟地的大工程，所以热情很高，干劲儿十足。大家一致认为，林县有的是人，大家一齐上，大战 80 天，就一定能引来漳河水！

可是仅仅干了 20 多天，问题就显现出来了：近 4 万修渠大军一字长蛇，全线铺开，平摊到 70 多公里长的渠线上，就像撒芝麻一样，几乎就看不见人了。战线拉得太长，领导、劳力分散，指挥不方便；工地都在陡崖峭壁上，交通运输不畅；前方呼喊人手不够，工具、物资匮乏，后方干着急上不去；施工需要技术指导，可工程技术人员就那几个人，却要在这么长的渠线上来回奔波，根本照顾不过来；民工们看不懂图纸，漫山打眼放炮，炸得到处都是"鸡窝坑"。这种全面施工、耗时耗力的做法，不仅使得工程质量难以得到保证，连通水日期也会变得遥遥无期。

问题出在了哪里呢？

杨贵书记马上带领工地总指挥周绍先、工程技术股副股长吴祖太一行实地考察，整整步行 3 天时间，沿着渠线，从坟头岭一直走到了渠首。他们边走边察看每一处工地，了解施工中遇到的每一个问题。

50

改名红旗渠
—

走到山西时，当地群众也纷纷反映："杨书记，不行啊，白天黑夜炮声不断，碎石满天飞，炸毁了树，砸碎了瓦，吓跑了牲口，震裂了房，俺们经不起这样折腾啊！"

马上开会！

大家经过认真分析讨论后，认为存在领导指挥、技术指导、物资供应、后方支援"四个跟不上"的问题，必须调整战略，收拢五指，攥紧拳头，采取集中力量打歼灭战的办法，这样才能改变全线出击的被动局面。

那么，应该先集中兵力拿下哪一段呢？首先应拿下 20 公里的山西段。

因为这段毕竟是在山西省，缩短在山西施工的时间，才能减少给当地群众带来的麻烦。而且，先修通渠首至河口段，把水引到林县地界，将会极大地鼓舞大家修渠的士气。

那么，怎样才能让大家增强必胜的信心，看到希望呢？指挥部决定采取分段突击的战略战术，把渠分成几段，一段一段地修。修一段渠，通一段水，再修好一段，再通一段，这样以水促渠，鼓舞群众，催人奋进。

就这样，会议及时调整了整体工程和战略布局，缩短战线，把整个工程进行分期。这时候，大家已经意识到不能急于求成，要做好打持久战的准备了。杨贵书记在会上说："第一期工程山西段，原来提出 5 月 1 日通水，这个精神好，真正 6 月 1 日通水了，甚至 7 月 1 日、8 月 1 日通水了，也是个很大的胜利。"

杨贵还提议，将"引漳入林"工程更名为"红旗渠"。

杨贵解释说，红旗象征着革命，象征着胜利。把"引漳入林"工程命名为"红旗渠"，就是表示高举红旗前进，既表明了林县县委高举毛泽东思想伟大旗帜继续前进，不把漳河水引来决不收兵的坚定决心，也表明了林县人民不畏艰险、征服自然的壮志雄心。

3月10日，总指挥部召开了全线民工代表大会，大会统一了思想，通过了决议，并一致同意正式命名"引漳入林"工程为"红旗渠"。

3月13日，总指挥部由任村公社盘阳村移师山西平顺县石城公社王家庄大队的浊漳河北岸的山坡上，全线施工也随之转移到了山西省境内渠段。方向已经指明，拨云去雾，重新起航。

生死穿越王家庄

1960 年 3 月，红旗渠工程修到王家庄村。

王家庄，山西平顺县的一个山村，村子建在漳河南岸的山腰上，全村大部分人家居住在山腰下方。按照方案，必须在山上打一个长 243 米、宽 8 米、高 4.5 米的过水隧洞，这就意味着红旗渠要从王家庄村中间穿越过去。

可住在隧洞上方的村民担心下面的通渠隧洞会影响到上面房子的安全，住在隧洞下方的村民也担心万一隧洞决口会冲毁房子，所以，隧洞如何设计施工，成了一件棘手的事情。

水利专业技术人员、红旗渠工程技术股副股长吴祖太领着大家反复勘测，发现村庄底下大部分是活土层，土质疏松。据当地村民讲，附近同样处在土坡上的车当村，1953 年汛期由于下大雨，洪水钻到了村底下，发生严重的土崖滑坡，车当村几十座院落都滑下了漳河。

为了保证王家庄的安全，打消村民的顾虑，吴祖太与当地干部群众协商后制订了施工方案，确定开挖隧洞时，遇到石层，只放小炮，不放大炮。开挖后，大家用料石砌墙、圈顶，水泥灌浆勾缝，混凝土铺底，确保施工质量过硬。

姚村公社分指挥部 400 余名民工承担起了王家庄隧洞掘进这

53

红旗渠是怎样修成的

一艰巨任务。

开工4天后，大家发现洞体内情况复杂，易坍塌，不能放炮。为了确保施工安全，吴祖太及时修改设计方案，将原隧洞单孔"口子洞"改成了双孔"鼻子洞"，这样的设计缩小了隧洞跨度和断面，确保隧洞坚固，增加了安全系数。

为彻底保证王家庄村的安全，吴祖太还在王家庄村西的渠道上设计了泄洪闸，遇到紧急情况，还可以将渠水排入漳河。

为了赶进度，大家充分发挥出自己的聪明才智。施工人员在隧洞中增加了4个竖井，同时开工，昼夜不停。因为洞口附近就是民房，洞中挖出的土要抬到村外才能放置，大家便在洞口铺设了长达3000多米的运输轨道，往外运土。负责圈砌的民工挖一段，就砌一段。就这样，仅仅4个月时间，穿村隧洞便胜利竣工了。

可谁能想到，就是在修建这段隧洞期间，人们最不愿意看到的悲剧发生了。

3月28日傍晚，吴祖太正在吃饭，有人反映隧道洞壁上出现裂缝，掉土严重。吴祖太一听，当即撂下碗筷，要去实地察看。身边有人劝他，天已晚了，明天看也不迟。吴祖太担心施工现场民工们的安危，说："早一天排除险情，民工就早一天免遭害。"负责安全的姚村公社卫生院院长李茂德也说："祖太说得在理，我跟他一块去。"两个人提着马灯，一起进入洞内察看险情。就在这时，隧洞塌方了！吴祖太和李茂德躲避不及，被埋入洞中。当人们拼命地将他们俩刨出来时，两人已经停止了呼吸。时年，吴祖太27岁，李茂德46岁。

吴祖太老家原阳县，是红旗渠修建过程中牺牲的81位烈士当中唯一的外乡人。为了帮助林县摘掉穷山恶水的帽子，为了自己钟爱的水利事业，吴祖太献出了自己年轻的生命。

噩耗传来，林县县委立即成立了治丧委员会。追悼大会上，杨贵痛心极了。

要知道，吴祖太是修渠期间整个林县为数不多的科班出身的水利技术人员，正是他带领大家翻山越岭，勘测水源，测量出三条引漳入林的主干线，并且每条线路反复测量，最后把第一本红旗渠蓝图——《林县引漳入林灌溉工程初步设计书》交到了杨贵的手上。也正是他，在杨贵面前拍着胸脯，用自己的生命保证渠线设计的路线没有问题，水，肯定能引到林县。

可以毫不夸张地说，没有吴祖太的技术，红旗渠修不成。

如今，在吴祖太牺牲的地方，王家庄"双龙洞"隧道旁，有一尊塑像被苍松翠柏环抱，那便是吴祖太的塑像，渠水从塑像座基旁缓缓流过。

吴祖太，这个名字早已镌刻在太行山的丰碑上。

工地上的婚礼

吴祖太与红旗渠的缘分，似乎早已注定。

吴祖太从黄河水利学校毕业后，本有机会留在城市过安逸舒适的生活，但是第一次下基层到林县调研的经历改变了他的人生轨迹。

在林县他深深感受到一种特殊的温暖和厚爱，而这恰与当地严重缺水这一冰冷的现实形成强烈的反差。当他在考察中目睹漳河不舍昼夜涌动的激流时，便在内心做出了决定：一定要把漳河水引到林县去！

1958年，吴祖太主动要求调到林县水利局工作。当时林县正在大搞水利建设，像吴祖太这样科班出身的技术人员，整个林县打着灯笼也找不到第二个。吴祖太来到林县后，马上就投入到热火朝天的水利建设中。

当他将图纸交到英雄渠工程总指挥长马有金手上时，两个大男人竟都兴奋得蹦了起来。就这样，吴祖太成为大家眼中的技术专家，成了救星。

由于专业技术过硬，吴祖太很快又投入到另一个重要水利工程——南谷洞水库的建设中。

俗话说，"男大当婚，女大当嫁"。吴祖太订婚了，未婚妻

工地上的婚礼

是河南淇县高村小学教师薄慧贞。可是因为吴祖太工作太忙，婚礼一拖再拖。吴祖太父母很是着急，三次给儿子写信催婚，连举行婚礼的良辰吉日都选好了，可是还是让吴祖太给推掉了。

未婚妻薄慧贞决定亲自去林县走一趟。

在南谷洞水库工地上，两个人见面了。工地上的民工们听说技术员的未婚妻来了，都拥过来，端茶倒水，问寒问暖，就连工地总指挥马有金也闻讯赶来了。

谁知吴祖太却和未婚妻拌起了嘴。一个说工地上正忙，来这里就是耽误工作；一个埋怨说马上要过年了，平常没个周末节假日也就罢了，这过大年咋也不放假。

马有金听出来了两人矛盾的缘由，当即一拍大腿，说道："吴祖太同志，这就是你的不对了。工地工作再忙，你也可以请假回家结婚啊！明天就是大年三十，后天大年初一。干脆，大年初一，你们举办婚礼，这事就这么定了！"

吴祖太和薄慧贞就在农历的大年初一，在南谷洞水库工地上举办了婚礼。

对于吴祖太、薄慧贞这一对新人来讲，相聚只有短短的5天。正月初三，吴祖太又下工地干活儿去了。

可天有不测风云，就在吴祖太忙于林县水利建设时，一个噩耗传来：妻子为了抢救一个横穿铁路的学生不幸遇难！

犹如五雷轰顶。吴祖太急忙赶到了淇县，守着爱人的灵位，坐了一天一夜，一口饭没吃，一滴水没喝，几乎昏死过去。

回到工地后，吴祖太全部身心都扑到了水利建设事业上。他除了参与完成红旗渠工程整体设计外，还在实践中创造性地解决了许多施工难题。他设计出了青年洞修建的改进方案，还设计出"空心坝"方案，解决了渠水和河水在同一平面上交叉的难题。他还手把手地教队员们正确使用专业测量仪器，提高技术水平。

为了让民工看懂图纸，他把图纸上的英文字母全部改成大家认识的中文。

可就是这么一位年轻的优秀的小伙子，却英年早逝。

吴祖太是家中独子，却在林县修建红旗渠的工地上牺牲了，这可怎么向他的父母交代？当吴祖太的遗体送回他的老家原阳县时，老远就看到吴祖太的父母等在那里。老两口喃喃地说："谁说俺孩儿没回来？这不就是俺孩儿吗？"听到老人的话，前来送灵柩的吴祖太的生前好友、水利局干部刘合锁"扑通"一声跪在了老人面前，说："爹，娘，我以后就是你们的亲儿子！"

是啊，一个外乡人来到林县做出了这么大的贡献，忘了谁都不能忘了吴祖太呀！

从那以后，每到农忙及逢年过节，刘合锁都要到原阳县去看望吴祖太的父母，直到两位老人相继去世。1984年，吴祖太和薄慧贞的遗体在吴祖太的家乡合葬，他们永远不会再分开了。

遇阻鸻鹉崖

　　有人说，红旗渠最危险的地段，就是总干渠在山西境内的 20多公里。人们在这里翻过了几座山，越过了几道弯，遇到了几次险，吃尽了几多苦，实在是一言难尽。

　　位于山西省平顺县与河南省林县交界处的鸻鹉崖工段，地势险恶，峭壁直立，当地人称"鸻鹉崖是鬼门关，风卷白云上了天。禽鸟不敢站，猿猴不敢攀"。

　　鸻鹉崖下无法直接修建明渠绕山而过，山体中部岩层疏松无法凿洞穿过。怎么办？一不做，二不休，干脆直接用炸药从上到下一举劈开陡崖，然后沿山修建明渠。

　　城关公社分指挥部主动承担起攻克这段天险的重任。城关公社社长、分指挥部指挥长史炳福率领民工，在山顶打上钢钎，组成绳桩，腰系绳索，在上无寸物可攀、下无立足之地的峭壁上，凌空作业，抢锤打钎，凿出炮洞，开石挖渠。此时大家只想着加快速度，提前把炮眼打成，早已把生死置之度外。

　　经过一番鏖战，民工们愣是在鸻鹉崖上打出了 39 个 20 多米深的大炮眼，分 4 层切下去，把 200 米长、250 米高的鸻鹉崖从上到下直劈 80 多米。

　　初战告捷，但是危险也接踵而至。

　　1960 年 5 月 10 日，城关公社东街村 3 个青年民工打炮眼，炮响后没等炮洞内硝烟散尽，便急着下去施工，因洞内缺氧，人一下去便一头栽倒在地。要不是一位老民工及时制止其他人下去抢救，还会出第四条人命。

祸不单行。刚过去不到一个月，悲剧又发生了。

6月7日，城关公社逆河头大队28岁的青年民工余长增在给炮眼里装炸药时，嫌用手捧火药速度慢，就用铁锨铲起炸药去装，不幸的是，铁锨与石头摩擦冒出火星，引燃了炸药……

6月12日，城关公社槐树池连正在谷堆寺工地紧张施工，连长兴冲冲地跑过来宣布："我们槐树池连今天大干一天，明天都回家收麦子！"当时正值麦熟时节，就怕狂风暴雨，恰恰这个季节又是汛期，所以老百姓把收割麦子叫"龙口夺食"。工地上的这些汉子都是家里的顶梁柱，一听连长发话，个个归心似箭。谁知"天有不测风云，人有旦夕祸福"，山上一块巨石突然滚落，冲着人群而来，当场砸死9人，重伤3人。周边干活儿的乡亲都赶过来救人，场面十分悲壮。

连续的伤亡事故出在同一工段，一时谣言四起。民工们也都疑神疑鬼起来，大家不敢起五更到工地，也不敢天黑后再收工了。越怕什么，越是来什么。一次一个民工猛听到山崖石缝中嘎嘎作响，慌不择路，一不小心跌到了崖下，差点儿丧了命。

其实，这一段时间，伤亡事件不只发生在鸻鹉崖工段。尽管总指挥部已经在安全问题上采取了许多措施，但危险还是防不胜防。确实，如此空前的工程，哪个人也不敢打包票保证修渠者人身绝对安全，毕竟这是从来没有干过的大工程啊！

但是，人命关天。总指挥部果断下令：暂停施工，待商量好对策，再发起总攻。

短暂的平静，意味着积蓄力量，大的会战即将来临！

群雄鏖战鸻鹉崖

"为有牺牲多壮志，敢教日月换新天。"总指挥部连夜召开会议，组织大家反复学习毛主席的《矛盾论》《为人民服务》《愚公移山》等文章，从中寻找精神武器，寻找解决方法。

各公社也召开"诸葛亮会"，层层动员。大家纷纷表态："鸻鹉崖就是张着的老虎嘴，我们也要拔掉它几颗牙！"紧接着，15000份请战书如雪片般飞到了总指挥部，只等总指挥部一声令下，千军万马齐战鸻鹉崖。

杨贵书记也专程把南谷洞水库工程指挥长、自己的老伙计马有金调来，协助指挥这场大会战。

马有金与红旗渠总指挥部副总指挥王才书商量，在劳力安排上，虽人多势众，却不能乱套，要以营为单位，分成爆破、除险、运输、垒砌四个梯队。每个工段的每一个人都要有一套防险、除险的安全措施。干部要带头上，哪里有危险，干部就要第一个顶上。

当时许多干部上工前都把手表放在家里，对家人说："身上没有啥值钱的，就这一块手表，留在家里吧，一旦人光荣了，也是一笔遗产。"有的把身上带的饭票、钱掏出来，放在枕头下，随时准备面对不测。

此时大家都已充分意识到，修渠最危险的地段在山西，山西

红旗渠是怎样修成的

青年突击队（程资轲，14岁）

最危险的地段就在鸻鹉崖。

　　总指挥部从15个公社中挑选出5000名精兵强将编成了15个突击队，挺进长3000米多的鸻鹉崖，就此拉开鸻鹉崖大会战的序幕。

　　号称"飞虎神鹰"的除险队来了，城关公社的"开山能手"

62

群雄鏖战鸻鹉崖

来了，东岗公社的"扒山虎"来了，合涧公社的"常胜军"来了，采桑公社的"铁姑娘"突击队也来了……各路英雄源源不断地会聚在鸻鹉崖。

9月18日，总攻鸻鹉崖的号角吹响了。各路人马都使出了浑身解数。开山崩石，炮声隆隆；凌空除险，鹰击长空；抡锤打钎，巾帼不让须眉；传递运输，忙得不亦乐乎。

大家夜以继日地奋战在工地上，个个脚穿厚重的用自行车外带钉的"打掌鞋"，身上布衫补丁摞补丁，脸晒得黝黑。在工地上，你根本分不出哪个是干部，哪个是民工。

为了鼓舞大家的士气，活跃文化生活，县委派出文工团、豫剧团、宣传队到工地上演出。有的还自己编顺口溜唱快板："同志们，加油干！晌午一人一碗面。野菜卤，百草味，不加调料也有味。大海碗，牙捣蒜，咻溜一声肚里咽。"

有时县委还派出电影队到工地放电影。那时候，能看场电影可是件天大的喜事儿。

在鸻鹉崖会战最紧张的时刻，杨贵和县委领导深入工地，和民工一起出渣、抬石，促膝交谈。杨贵还专门请除险队队长任羊成一起看戏，并说："羊成，等渠修成了，我陪着你在县城剧院看一个礼拜的戏。"

任羊成笑着说："杨书记，别说看戏，俺吃了晌午饭，晚上还不知道能不能回来哩。"

杨贵一听，急了，一本正经地说："羊成，可不能胡说，一定要带好除险队，处处小心，注意安全，戏是一定要看的！"

经过50多天的大会战，一条人造天河终于通过了鸻鹉崖半山腰。至此，红旗渠总干渠第一期工程渠首至河口21000米山西段基本建成。

63

第五章

八仙过海

各显其能

劈开太行千重山（李宜霖，13岁）

虎口拔牙

人们说，红旗渠的渠线是用炮崩出来的。横亘在修渠路上的一座座山崖，就像一个个拦路虎一样挡在前面。大家不能指望大力神把山搬走。工地上，开山取石只能凭放炮。

有一次，工地上年纪最小的民工张买江将炮点燃后，赶紧躲避，结果鞋底被圪针扎透了，脚底鲜血直流。等躲到安全地方后，张买江从棉衣里撕下一团棉花，用火点燃，用流血的脚猛踩火棉，这才止了血。

事实上，工地上许多安全事故都是由放炮崩山引起的。炮手往往需要在几十米，甚至上百米的山体上装上上千公斤的炸药，爆炸后，天崩地裂，大大小小的石块如骤雨飞蝗般四溅开来，一旦碰着，非死即伤。

工地上统一规定，每天只准在中午和下午下班后放炮，并配有专职司号员。下崖点炮，导火线要足够长，用慢捻不用快捻，每人每次点 2—3 个炮，点完迅速下到山脚，进入避炮室。爆破中最要命的就是哑炮。因为哑炮，工地上出现过伤亡事件，所以特别要求，待最后一炮响过约半小时后，才能出来检查。

就在鸽鹉崖这段危险工地上，一彪人马出现了。只见领头人身材不算高大，头戴荆条编织的安全帽，身背绳索，脚踏用轮胎

虎口拔牙

加厚的布帮鞋，手拄钢钎，腰插镰刀，面带憨笑，这人便是青年炮手突击队队长常根虎。

常根虎，本名常根吾。有一次放炮，他随着山石被炸出了好远，幸好只受了点儿轻伤，大难不死。县委书记杨贵听说后，专门来看他，说："常根吾啊常根吾，不如改成常根虎，虎虎生威的爬山虎。"从此，"爬山虎"常根虎的名字就在工地上传开了。

常根虎终日爬山崖，装炸药，凌空放炮，练就了一身好本领。开山时，根据不同的山势，他采取放小炮、放大炮、放拐弯炮、放斜炮等不同的爆破技术，想崩哪座山，就崩哪座山，想削平哪座山头，就削平哪座山头，想让石头从哪儿落下，它就会从哪儿落下，准确无误。大家亲切地称他是"神炮手"。

常根虎更"神"的一次是发明了定向爆破。当时渠道要经过一个小村庄，渠线紧挨着老百姓的房屋。如果按常规放炮，近在咫尺的房子就会遭殃。常根虎和炮手们认真地选炮位、打炮眼、填炸药、封炮口，一通操作后点燃炮捻。可是20分钟过去了，现场既没有隆隆炮声，也不见硝烟四起。大家走近一看，惊讶地发现，原来炮早已响过，要爆破的山坡被整个掀了起来，而3米开外的房子却毫发未损。这一次爆破后，常根虎"神炮手"的名头传得越发神乎其神了。

当然，"神炮手"不止常根虎一人，修渠10年，红旗渠工地上培养出了一批土生土长的"神炮手"。被称为"英雄爆破手"的李存生在工地上研究发明出葫芦炮、火鞭炮、连环炮、梯台炮等15种高效的爆破技术。"虎胆英雄"王磨妞"虎口拔牙"，领着30个青年，在"老虎嘴"险峰处打出了5个5—7米深的大炮眼，炸开了老虎嘴，使红旗渠从中穿过。

就这样，爆破除险的英雄们爬险壁，攀崖头，飞岩探炮位，凌空打钢钎，崩掉了一座又一座山头，打通了一个又一个山洞。

红旗渠是怎样修成的

—

在鸻鹉崖大会战中，青年炮手突击队员们在 3000 米长的渠线上，共打出了 384 个开山炮眼，用连环炮一举攻克了谷堆寺、鸻鹉崖、鸡冠山三座天险。

开工伊始，在卢家拐村的崖嘴上放了开凿大路的第一炮，崩开一道豁口，一路上全凭炮手崩山开路。放炮崩山随时面临危险，无异于虎口拔牙，崩山场面也是惊心动魄。纪录片《红旗渠》里最具画面感和震撼力的镜头，便是英勇的炮手们一炮崩下半架山的宏大场面，这也成为共和国历史上难忘的记忆瞬间。

凌空飞鹰

凌空飞鹰

你听说过"凌空飞鹰"吗？你见识过凌空除险吗？你知道悬在峭壁半山腰像荡秋千般荡来荡去是什么滋味吗？

提及红旗渠，大家脑海中就会浮现这样的镜头：凌空除险队员手拿抓钩，腰别锤、钎，溜着大绳飞下悬崖，凌空飞荡，直扑崖壁，犹如一只只雄鹰，翱翔在天地之间。这已经成为红旗渠永恒的经典瞬间。

修建红旗渠，离不开开山放炮。放炮崩山后，山石被炸得松动，浮石不停地坠落，有时三天三夜都没停歇。大家眼巴巴地看着，上不去人，不能动工，急得直跺脚。

怎么办？总指挥部决定成立一支除险队，凌空除险，把爆破后山壁上松动的石头除掉，解除下面施工的安全隐患。任村公社古城村的任羊成第一个报了名，他还被大家推选为除险队队长。

任羊成从小是靠吃羊奶活下来的，所以取名"羊成"。别看他人长得瘦小，在工地上干活儿却是生龙活虎，人称"小老虎"。除险队成立后，他终日带领除险队员们腰系大绳，飞崖下崭，凌空除险，扫除障碍。除险队被大家亲切地称为"飞虎神鹰"。

凌空除险需要团队密切配合。除险时三人一组，一人负责崖上下崭把绳，一人下崖除险，一人在地面指挥。悬在半空中的除

69

凌空除险（栗子茹，14岁）

险队员先用抓钩钩住崖壁，去钩松动的石头；如果钩不动，就用钢钎撬石头；再不成，就用大铁锤砸。就这样，把山体上所有松动的石头像梳头一样，从上到下梳一遍，处理干净。

如果山体坡度较缓还好办，如果山体陡直，要排险就比较费劲儿了。人得两脚用力蹬下崖壁，手里的抓钩一推一挡，身子飘荡出去，等身子荡回来才能够得着崖壁上的松动的石头。

山崖往往高达数十米甚至百米，那时也没有对讲机，怎么保

凌空飞鹰

证上下互相联系呢？"对暗号"。下崖除险队员喊声"呜儿——"，崖上把绳的人就松绳；再喊声"呜儿——"，把绳人就将绳固定。如此交替进行。

这是高危险作业，稍有不慎，便会摔得粉身碎骨。别说除险队员在半空中是险象环生，就是地面上的人看得也是胆战心惊。但除险队队长任羊成却说："看看咱解放军，到打仗的时候，人家披着血布衫也要往前冲，他们为啥不怕？修渠下崖也是打仗，怕死就修不成！"

任羊成最初是在南谷洞水库工地上负责放炮，因为险石太多，除险工作进展缓慢，他就改学了下崖除险。头一次除险他也害怕，被队友踢了一脚才下去，但身体在空中立即缩成一团，在那里荡来荡去。上来之后，任羊成不服气地说："刚才不算，再来一次！"就这样，他越来越熟练，后来就到红旗渠工地上除险了。

有一次，在鸻鹆崖工地除险时，吊在半空中的任羊成正准备给上面的同伴发信号，不料被一块掉下来的比鸡蛋还大的石头砸中嘴唇，钻心的疼痛几乎使他昏迷过去。他想向上喊时却喊不出声，用手一摸，几颗门牙竟被落石砸倒，舌头也被砸伤了。情急之下，任羊成忍住剧痛，掏出钳子，伸进嘴里，拔掉了砸坏的三颗门牙，然后一声不吭，又连续干了6个钟头。

下工后，任羊成的脸肿得连饭都吃不成。他担心工地领导发现后第二天不让他上工，就戴上口罩挡着。有人问他怎么啦，他说，风太大，吹得牙疼。

还有一次除险时，任羊成不小心掉进了山坳里的圪针丛里。但他还是坚持到收工。回到住地，房东老大娘给他挑刺，足足挑出一手窝圪针。

由于每天拴腰下崖，他腰间被粗绳磨得皮开肉绽，慢慢地这些粗绳勒的伤痕变成了一圈厚厚的老茧，像一条赤褐色的带子缠

红旗渠是怎样修成的

除险英雄任羊成（程资轲，14岁）

在腰间。新华社记者穆青采访任羊成时，看到他身上的伤痕，忍不住流泪了，说："这是吃了多大的苦，受了多少罪，才变成这样呀！"

难怪工地上有这样的顺口溜："除险队长任羊成，阎王殿里报了名。"任羊成却说："我是苦水里泡大的，没有共产党就没有我任羊成，我能活到现在已经赚了20多年，就是为红旗渠摔死，也比小时候饿死喂狗有名堂。"

正因为工地上有成百上千个任羊成，红旗渠工程才得以一寸寸向前推进。

72

妇女能顶半边天

你听说过红旗渠上的"铁姑娘"吗？你听说过"凤凰双展翅"吗？

在如火如荼的红旗渠建设工地上，采桑营出现了一个"英雄十二姐妹"战斗班。12名姑娘由一人双手扶一根钎一人抢锤，到一人双手各扶一根钎，两人乃至4人打锤，这被称为"凤凰双展翅"。班长郝改秀说出了豪言壮语："春风呼啸万丈高，姐妹高山把心表。决心改造大自然，拼命大战行山腰。不怕石硬冷风吹，定牵漳水把地浇。"

这是一支特殊的队伍，也是工地上一道亮丽的风景线。她们同男人一样抢锤打钎，装药放炮，一样不落。她们穿着粗布衣裳，同样睡山洞，吃野菜，扛石头，下井洞。冰天雪地，河水刺骨，她们也会同男人一起跳进冰冷的浊漳河里，拉起人墙，拦住汹涌澎湃的浊漳河水。哪里需要，哪里就有她们不甘人后的忙碌的身影。她们有个共同的名字——"铁姑娘"。

铁姑娘们基本上都是20来岁，最小的才17岁，大部分还没有结婚，正是风华正茂、如花似玉的年纪。但她们娇嫩的双手磨出了老茧，瘦削的双肩扛起重重的石料，巾帼不让须眉，整日奋战在工地上。

红旗渠是怎样修成的

妇女能顶半边天（申淑贤，12岁）

起初工地上分给姑娘们的是推车、拉车、抬筐、运料之类的简单活儿。姑娘们不服气，说，抡锤打钎、抬夯运土、打眼放炮，男人能干，女人也能干！以"铁姑娘"们创造的"凤凰双展翅"这项技术为例，外人看起来简单，实际动手一体验就知道有多难。它需要几个人通力合作，全神贯注，把握好节奏，才能顺利完成。

"铁姑娘"郭秋英现已年逾古稀，与人说话时，双手还会止不住颤抖，这是当年修渠时天天扶钎抡锤落下的毛病。有人问她："你后悔过吗？"郭秋英却笑着回答："怎么会呢，能参加红旗渠的建设，是我一生中最光荣的事儿。"

在红旗渠支渠配套工程中，19岁的郭秋英任"铁姑娘队"队长，带领一班女青年参加一干渠十二支渠"换新天"隧洞战斗。不会

妇女能顶半边天

抢锤，就一锤一锤地学；不会装药放炮，就请炮手教。手砸肿了，就让卫生员从手背上打消炎针，然后继续干。姑娘们力气不够，那就在钎孔打到核桃大小时，少放一些炸药把孔炸大，降低劳动强度。就这样，"铁姑娘"们发扬蚂蚁啃骨头的精神，在隧洞中坚持轮班作业，战胜各种困难，凿通了400米的隧洞，使渠水流到水源匮乏的水磨山村。

东岗公社17岁的韩用娣也带领着一班姐妹战斗在"在险峰"隧洞。工地施工空间狭小，施展不开，她们就平着打、跪着打，学会了抡平锤、斜锤、圆锤、撩天锤。她们还和男民工展开劳动竞赛，从不示弱。由于井下通风较差，爆破后的浓烟久久不散，为了为修渠争取宝贵的时间，韩用娣每次都是第一个冲进洞内，冒险用衣服、树枝从一头往风口赶烟，几次都被呛倒。

在当年10万大军战太行的队伍里，就有一万多名妇女参加，工地上到处都可以看到"铁姑娘"们的身影。她们同男民工一样出大力、流大汗，一样坚强不屈、勇敢顽强。"为了后辈不受苦，我们就得先受苦"，这是这批"最美奋斗者"当年共同的心愿。她们把自己火热的青春，书写在了太行山上，很好地印证了毛主席的那句话："妇女能顶半边天。"

疯狂的石头

林县啥都缺，就是不缺石头。

修建红旗渠，天天与石头打交道。放炮崩石头、打钎钻石头、抡锤砸石头、凌空排石头、修渠砌石头、烧石灰炼石头、筑路铺石头，就连睡觉都睡的是石头板儿，大家做梦梦到的也都是石头……其实，红旗渠建设本身就是人、石头和水的故事。

一天，总指挥长马有金在姚村公社一个连队工地上见到几个人正在施工。其中一人在打炮眼，一个人扶着钢钎，还有两人抡大锤，其中抡锤的一个壮小伙皮肤黝黑，赤着膀子，把大锤抡得虎虎生风。马有金看得技痒，便顺手掂起一把10多斤重的大锤，与这位小伙练上了手。

马有金问："你叫啥？"

小伙子答："俺姓李，叫世民。"

马有金一听，开玩笑道："哟，你是皇帝啊！了不起！"

"啥皇帝啊？这是俺爹随便起的名字。"

马有金哈哈大笑："李世民可是唐朝的皇帝，我这县长只能算个七品芝麻官，跟你这皇帝可差远啦！"

说笑间两人拉近了距离。小伙子竟大胆地说："看你的锤抡得挺老练，咱俩来个对手赛吧！"

疯狂的石头

　　双方约定：左右开弓，从左边抡起打一锤，再从右边抡起打一锤，一气打 120 锤，谁先打不下去了算谁输。顿时只见两把大锤似两条白练，在空中上下翻飞。一锤飞起，一锤落下；一个快如闪电，一个疾似流星；一个硬桥硬马，犹如霸王硬上弓，一个弧线拉满，恰似弯弓射大雕。两个人真是棋逢对手、难分伯仲，把旁边的人都看呆了。

　　当然，马有金更多使的是巧劲儿。隧洞里抡锤打钎，一般人打五六十下就得歇一会儿，马有金能够一口气抡锤 180 下。姜还是老的辣，这次李世民向马有金学到了不少绝活儿。

　　毫无疑问，锤石头是个技术活儿。民工们天天站着打，跪着打，蹲着打，甚至在崖壁间趔趄着身子打，如果没经验，干不了两天，胳膊就会又疼又肿抬不起来。红旗渠刚开工时，大家对太行山石头硬度缺乏了解，没想到钢钎都能打折，这导致施工进度缓慢。如果这样干下去，等渠修好不知要到什么时候了。

　　实际上，林县石匠的手艺是很高超的。老石匠们向学徒们传授经验，通过师傅带徒弟，工地上先后有两万余名青年学会了锻石，仅茶店公社老石匠李发旺一人便带出了 80 多个石匠。

　　黄华公社的张书林 16 岁时就上山修渠，主要负责打钎，身上到处都是伤，却从来不下火线，一干就是 4 年多。等到渠修好，他发现受伤的膝盖已经不能打弯了。后来，医生从他的膝盖处取出了两颗小石子，他的腿病才算是治好了。出院后他感动地说："52 年了，今年过年终于能给俺爹娘磕个头了。"

　　两颗小石子，成了那个时代的见证。

没有石灰没有炮，我们自己造

无论生石灰，还是熟石灰，都是建渠砌体的主要黏合材料。当年红旗渠修建时大家用自创的土办法，生产出了大量的石灰。

各工段自己建了许多石灰窑烧制石灰。但是传统的烧制法产量低，成本高，往往煤都烧完了，还炼不出几公斤石灰。而且小窑场不能随着红旗渠渠线的延伸而转移，根本不能满足工程需要。

最终，河顺公社分指挥部指挥长刘银良和民工共同研究，发明了"明窑堆石烧石灰法"，原来1斤煤可烧出2—2.5斤石灰，方法一改，1斤煤可烧出4斤石灰，并且不需要建造固定的石灰窑，可以自定规模，就地取材，就地烧制，随用随烧。

姚村公社的范景库更是被称为"烧石灰能手"。红旗渠一开工，他便在工地上专门负责烧石灰。经过不断摸索试验，他大胆改进了明窑堆石烧石灰法，一次可烧几百吨，最多一次可达2000吨，解决了建渠"石灰难"的问题。有一次，石灰窑突然塌陷，正在窑顶上作业的范景库掉进了大火坑，头发、眉毛都被烧着了，手上也被烧出了大血泡。大家急忙把他救出来，劝他休息，他却说："没关系，只要没烧死，就要继续干！"

开山放炮，离不开火药。当时国家供给有限，林县预算也捉襟见肘。"不当家不知柴米贵"，县委书记杨贵和负责工地后勤

没有石灰没有炮，我们自己造

保障工作的县长李贵核计过：按当时的价格算，买 1 公斤炸药，价格为 1.60 元，自制只需 0.45 元，每公斤相差 1.15 元，这么一算，还是自制炸药划算得多。

对于自制炸药，林县人一点儿都不陌生。抗日战争时期，敌后抗日根据地就开展过"地雷战"，用土炸药做石雷来炸日军，这些林县人早试验过了，何况林县山区本就有"一硝二黄三木炭"自造炸药的传统技术呢！可是什么人懂这门技术呢？战争年代的老游击队员，在军工厂工作过的老军工，当然也包括做过鞭炮、火药的工人们。

总指挥部抽调出会制造炸药的能工巧匠，开办炸药厂，碾炸药、造雷管；各公社把分配给自己的硝酸铵化肥运到工地，掺上锯末、干牛粪，用石碾子将煤面碾碎，用来制造炸药。大家用最有限的资源，尽量让它们发挥出最大的效用。

当然，修建红旗渠期间，林县人自制的东西不胜枚举。那时，锤头、镐把都是自己打造。没有挖土机和铲车，抬筐便成了渠线上一天也离不开的运输工具。民工们上山割荆条自己编，用铁丝、旧车带包边兜底，使编的抬筐更加牢固。抬筐破了舍不得扔，再把它们交到工地指挥部的仓库，由专人重新找一些荆条，把筐子补了再用，直到用烂，才集中起来当柴火烧石灰用。

还有抬杠断了改做镐把，镐把断了做锤把，锤把断了才当柴火烧；钢钎用短了改制成撬杠，撬杠短了改成手钻，手钻短了加工成钢楔；镐头、镢头坏了自己修，用废了再加工成炮锤和瓦刀。

抗战时期有一首《游击队歌》被到处传唱，里面有句歌词："没有枪，没有炮，敌人给我们造。"当时林县人修渠是：没有石灰，没有炮，我们自己造！林县成千上万的民工不等不靠，自力更生，艰苦奋斗，用他们自己想出来的"土办法"，解决了一个又一个难题，创造出一个又一个人间奇迹。

就怕李贵打电话

当年修渠工地上流行这样一句话："天不怕，地不怕，就怕李贵打电话。"为什么呢？因为红旗渠建设期间，县长李贵兼任红旗渠工程后勤指挥部指挥长，工地上哪里缺钱、缺物资，李贵都要打电话协调，催促解决。李贵工作向来雷厉风行，所以谁接电话谁头大、谁作难。

作为一县之长，李贵对于县财政状况是了如指掌的。在当时讨论"引漳入林"工程能否上马这一问题时，李贵对杨贵说了一句话："咱林县粮草是实打实的，县里有钱290多万元，公社生产队有储备粮3000多万斤。"正是这句话，才让杨贵有了动工的底气。当时大家普遍乐观地认为，大干80天就能迎来漳河水。如果大家知道林县财政这点儿资金仅仅占工程款项的1/20，红旗渠需要整整10年才能修好，估计当时就都会被吓着了。

红旗渠开工后，李贵主动找到杨贵，对杨贵说："大家都上了工地，到最艰苦的地方去了，我这个县长也到第一线去吧！"杨贵却神色凝重地说："你的身体不好，还是留在后方，负责抓红旗渠的后勤工作吧。经济这样困难，物资这样紧缺，后勤跟不上，就会拖工程的后腿，你这工作可一点儿也不轻松啊！"

事实证明，后勤总指挥长这活儿确实不好干。工地开工后，

就怕李贵打电话

千军万马战太行，后方不敢有丝毫怠慢，各种急需物资都要源源不断地送往前线。别看李贵平常话不多，但只要答应下来，就一定会想尽一切办法去完成。

当时林县实行"全县一盘棋"。上山修渠，道路不通，那就先组织人马修出一条简易公路；要保证建设物资按时到位，那就组织运输专业队来跑运输；信息不畅，那就派县邮电局到工地埋电线杆子，架设通信线路，设立邮递服务站；前方烧石灰、制水泥煤不够用，那就动员煤矿职工加班加点多挖煤、挖好煤，保证供应；工地上磕着、碰着、伤着了怎么办？干脆就在前方搭建"战地医院"，把医生派到工地去。

有时候，"后勤部长"还得扮演"救火队长"的角色。刚开工那会儿，民工们没有能搭席棚、打地铺的席子，临时制作也来不及，杨贵书记、李贵县长便带头把家里的席子捐了出来。全县2000多名机关干部和企事业单位职工也纷纷响应，都捐出家里的席子，送到工地。民工们天天与石头打交道，半个月就要磨破一双鞋子，李贵知道后专门召开了一次向工地捐献鞋子的动员大会，并当场脱下自己脚上的新布鞋捐了出去。会后，同事帮他找了双旧鞋套在脚上，不合脚，李贵只好趿拉着鞋回了家。

当时几万人上工地，吃穿住用，样样都缺。李贵来到工地，看大家都吃不饱饭，便派人到周口一带采购红薯叶给大家充饥。怕人家笑话，就谎称是买来造酒的。

红旗渠这么大的工程量，单靠自力更生显然解决不了所有的问题。为此，林县县委组成了一支100多人的采购队伍，奔赴全国各地采购炸药、钢材、煤炭、水泥、布匹等急需物资。有一次，工地上急需大量炸药，李贵急得在会上说："谁要能购回100吨炸药，我就给他挂一块匾！"

还有一次，李贵带领一支数百人的小推车运输队，赶了几百里路到洛阳地区的洛宁县拉炸药和雷管。本打算先用小推车运到80多公里外的洛阳火车站，然后通过火车再运回安阳，转至林县。谁知在洛阳火车站遇到外宾列车通过，车站附近不得停放易燃易爆物品，他们只好又离开了火车站。由于火车皮又特别紧张，还得再等好几天。李贵当机立断：不等了！于是，从洛阳到林县260公里的道路上出现了罕见的一幕：一辆辆小推车，在马路上排成长龙，络绎不绝，像蚂蚁搬家一样，硬生生把500吨炸药和200万个雷管推回了林县。

当年修渠时太行山腰上还有一支长年流动的后勤保障队伍。后勤保障人员不辞劳苦、历尽艰辛，长年挑着扁担，把修渠民工需要的生活用品送到工地上，人们亲切地称其为"扁担后勤"。

"跑关系"与"找外援"

李贵当年曾经说过一句话："修红旗渠就是打仗，拼的是人力、物力和财力。"确实，当初大家以为修渠是"速决战"，只需三五个月，谁知修着修着成了"持久战""消耗战"，单凭林县一县之力，显然有些力不从心。

有人说，修渠这么大的工程，国家怎么不投些资呢？那是因为当年国民经济困难，国家又实行计划经济，重要的生产资料都由国家统一分配，而红旗渠工程一开始并没有列入国家基本建设项目，所以工地所需物资就没有"指标"。再说，国家当时那么困难，怎么可以躺在国家身上吃、靠、要呢？杨贵书记当年就说："如果什么都要依赖国家，国家的粮、钱从哪里来呢？"

林县人有自己的办法，那就是"跑关系""找外援"。

县委利用各种关系到外地请求支援。工地上每天要消耗大量的钢钎，县委领导就找到了已在林县落户的老红军团长顾贵山，请他到沈阳军区找老战友求援。最终顾贵山帮忙搞到了 3000 根抗美援朝时的好钢钎。修红旗渠的工匠们把 1 根钢钎截为 3 段，打成钢钎头，再焊接在原有的钢钎上，这样 3000 根就变成了 9000 根。

县委书记处书记李运宝想起了安阳钢铁厂的领导是林县以前的县委书记，便去找老领导帮忙。最终老领导也想办法给解决了

800 吨钢材。

大家纷纷动用"人情","跑关系""找外援",红旗渠工地上还专门成立了"红旗渠供应服务站",100 多位采购员奔赴全国各地,采购急需物资。采购员岳茂林除了港澳台和西藏以外,全国其他地方都跑遍了。他辗转多个城市,费尽周折采购回来 15 辆拖拉机。林县因此才成立了"八一拖拉机站"。这个拖拉机站成为红旗渠运输线上的一支生力军。

林县人"跑关系",但他们从来不为自己谋私利;他们也"找外援",但从来不依赖外援。用林县人的话说:"55 万人民 55 万双手,自力更生啥都有。"

也正因为此,林县人民才得到了更多的援助和支持。河南省委拿出节约下来的一二百万元行政经费,作为支援红旗渠建设的资金,后来又支援林县 20 辆解放卡车。中国人民解放军驻豫某部队利用在林县进行汽车拉练培训的机会,用汽车给工地拉煤、送水泥,军民同修红旗渠。

就这样,从临近林县的县市到遥远的其他城市,从各行各业到中国人民解放军部队,来自祖国四面八方的援助之手,为红旗渠建设注入了强大的动力。红旗渠渠线也一点点延伸,从山西省平顺县延伸到了林县境内,延伸到了每个修渠人的心里。

林平一家亲

　　历经232天的艰苦奋战，红旗渠总干渠第一期工程山西段修完了，工程马上要转战至林县境内。按理说，县委书记杨贵应该感到高兴才对。但随着工程的不断推进，杨贵反而越发有些担心起来：好不容易从山西引来的水源，等到渠修好后，可以保证子孙后代一直用水吗？

　　当时虽然是"全国一盘棋""阶级兄弟亲如一家"，但是渠道的使用权、管理与保护责任也得有个界定。经过多次协商，林县、平顺县两县代表终于坐到一起，签订了一份《林县、平顺两县双方商讨确定红旗渠工程使用权的协议书》。协议规定，对占用平顺县的土地、山坡、房屋、树木等一切财产，全部作价赔偿，共赔款364567元。协议书划定了渠线范围，明确"确保河南省林县人民群众永远使用的权利"，同时还约定双方共同维护渠道安全，保证正常通水。

　　这份协议书的最后，赫然在目的是签订双方盖上去的密密麻麻的红印章。平顺县农业建设局，石城公社、王家庄公社等沿渠11个村生产大队，以及作为见证机关的两县人民委员会都盖了章，单位盖章加上个人签章，足足有19处之多！

　　这是一份产权界定书。在当时那个强调"一大二公"的年代，

红旗渠是怎样修成的

这份协议书用法律的手段界定了产权，避免了纠纷，保证了不给后人留麻烦。这也是一份承诺书，这是双方共同的承诺，一定要保护好红旗渠，要让红旗渠成为连接两地人民的幸福渠，让红旗渠世代为两地、两岸人民群众谋福利。这份协议书更是林县、平顺县两县人民群众友谊的结晶与见证。

至今在河南省林州市、山西省平顺县两地还流传着"林县奶娘"的故事。

当年林县姚村公社有一位24岁的妇女，名叫范土芹。当时她放下刚满8个月大的儿子小相超，随着第一批修渠人，来到了渠首山西省平顺县王家庄工地上。在这里干了半个多月后，又转战到了平顺县白坡村，临时住在了一位叫喜仙的山西老乡家。奇怪的是，范土芹每天晚上从工地回到住处，总是听到房东家几个月大的孩子"哇哇"的哭声。

后来才知道，这个几个月大的孩子叫毛毛，是房东大娘抱养来的，因为没有母乳喂养，孩子半夜里总是饿得哇哇大哭。范土芹了解了情况后，便像对待自己亲生儿子一样，白天去工地干活，晚上回来给毛毛喂奶吃。慢慢地，孩子不哭也不闹了，面色也渐渐红润起来了。等到几个月后，范土芹要离开了，孩子都快会叫娘了。毛毛娘逢人就说："林县人真好！要不是土芹，俺毛毛得跟着俺遭多大罪啊！"

"林平一家亲"，因为红旗渠，这句话烙在了林州人和平顺人的心上。

第六章

漳河

穿山来

红旗渠是怎样修成的

分水闸（李宜静，14岁）

红旗渠修到了咱林县

红旗渠于 1960 年 2 月 11 日动工，到当年的 10 月 1 日，总干渠一期工程山西段完工，用了 200 多天。虽然与最初计划 80 天修成红旗渠相比，是延期了，但战果辉煌：修渠大军斩断了 45 座山崖，搬掉了 13 座山垴，填平了 58 道沟壑，截住了漳河水，征服了石子山，闯过了红石崭，攻克了鸹鹊崖，战胜了狼脸崖、老虎嘴、老崖峰、风沙崭等数 10 道天险，钻通了 7 个山洞，建成了 38 座渡槽、24 座路桥和 65 座其他建筑物。巍巍太行的悬崖峭壁上第一次赫然出现了一条长 19000 米、宽 8 米、高 4.3 米，引水量可达 25 立方米 / 秒的人工渠。

1960 年 8 月 30 日，林县的干部、群众成群结队地赶往林县任村公社河口村，总干渠第一期工程首次放水典礼要在这里举行。随着"开闸放水"口令的宣布，汹涌的漳河水像一条奔腾的巨龙，沿着蜿蜒起伏的太行山，穿云破雾呼啸而来。林县人的愿望实现了，漳河水终于流到了家门口。

不过，因为林县境内的渠段还没修多少，前来参加典礼的人只能眼睁睁地看着白花花的漳河水从家门口流过后又泄入漳河里。大家不无遗憾地说："太可惜了！真是太可惜了！"

杨贵趁热打铁，说："大家说怎么办？"

红旗渠是怎样修成的

"抓紧时间，接着往前修！"大家异口同声地答道。

"20公里的山西段这最艰险的工程咱们都拿下了，剩下这50公里的总干渠又在咱林县自己地盘内，一鼓作气，把它拿下！"已经看到了希望，大家恨不得马上就干。

1960年10月17日，红旗渠总干渠第二期工程河口村至木家庄段全线开工，红旗渠总指挥部也于9月18日移师林县境内的天桥断南岸。

二期工程的咽喉处在青年洞，开凿青年洞也成为二期工程中最为艰险的工程。

青年洞位于任村公社卢家拐村西，处于山西、河北、河南三省交界处的大山上。这里地势险要，进口左侧是一条深沟，深不见底。东面是巨石林立的狼牙山。西面崖壁陡峭，刀劈斧砍一般，人称"小鬼脸"。

一边是高山挡道，一边是万丈深渊。可这种险境并没有吓倒要引水修渠的林县人。其实，青年洞的开凿早就随着总工程的开工同时上马了，横水公社的社员们已经与"小鬼脸"交上了手。不过，一开始是计划修一段明渠，绕过"小鬼脸"。但是开工后不久，总指挥部的技术人员现场考察后，发现开明渠线路太长，既费时又费料，最后决定，剖开山体，开凿隧洞，让渠水穿山而过。

这就意味着要凿一条长达616米的隧洞，如果打通了，这条隧洞将成为总干渠最长的隧洞。这项光荣而又艰巨的任务交给谁干好呢？当然是青年突击队！1960年3月4日，总指挥部给共青团红旗渠委员会部署任务："共青团是党的助手，你们是青年的旗手，把卢家拐隧洞开凿任务交给你们。"

青年突击队的队员个个都是棒小伙，领命后立马与横水公社原班人马一起投入火热的战斗。为了让小伙子们有劲儿干活儿，县里将这批年轻人的粮食定额都提高了。可是年轻人活力足、消耗多、饭量大，这些根本不够吃。还是老办法，上山摘树叶，下河捞水草。大伙儿开玩笑地说，咱们天天吃糠咽菜，干脆这隧洞就叫"糠菜洞"吧！后来，为了纪念这群年轻人的功绩，隧洞改名为"青年洞"。

要说这帮年轻人还真不简单，个个像下山的猛虎。横水公社九家庄村青年贾九虎腰系绳索，身手矫健，凌空作业，在崖崭上挖出炮眼，点响了开凿青年洞的第一炮。四名炮手用高木杆把炸药包顶在石壁上放炮，硬是炸开一道梯形施工小道。

就在大家干得热火朝天的时候，有一天，突然有人来到工地上宣布："一律停工！"究竟发生了什么事？为什么一夜之间，整个红旗渠工程都被叫停了呢？

暗度陈仓

1960年11月，红旗渠干渠二期工程刚刚展开，中央就发出通知，全国实行"百日休整"，红旗渠被要求停工。

顿时，大家的目光都投向杨贵和林县县委：红旗渠是继续修建，还是下马停工？

这是一个让人非常纠结的问题。

如果停工，就意味着之前辛辛苦苦修筑的20余公里的渠道可能前功尽弃。要知道，工程一旦下马，重新上马不知要等到哪年哪月了。到时候，渠墙倒塌，荒草丛生，红旗渠工程势必成为烂尾工程，杨贵和林县县委将背上"劳民伤财"的千古骂名。但是，如果继续大张旗鼓地修渠，弃上级指示精神于不顾，那就是"顶风作案"，就要考虑可能带来的政治风险。

县委会议室的灯光彻夜未熄，这真是一个漫长的夜晚。

经过深思熟虑，林县县委认为应该实事求是地落实中央精神，根据林县实际情况，统筹兼顾，灵活决策。最后会议决定，留下少量精干力量继续开凿咽喉工程青年洞和保护渠道，其余民工于11月底前全部回家休整。

就这样，红旗渠工地上人头攒动的情景消失了。同时，青年洞工地上却是别有一番天地。

暗度陈仓

    当然，大家心里都清楚，这么做还是要冒一定的风险，特别是后来上级又专门指示，青年洞也要停止施工。不过，当时林县县委一班人认准了，只要是真心实意为老百姓办事，就手挽手、肩并肩地走到底。

    为了应对上级时不时派人到各地落实"百日休整"情况的检查，民工们想出了许多办法，他们在工地对面的山洞里设置了瞭望哨。一看到远处有吉普车向工地方向驶来，瞭望哨马上挥动红旗，工地上立即停止施工；吉普车一掉转车头，瞭望哨便亮出绿旗，工地上又恢复施工。

    可是意想不到的事情还是发生了。1961年2月，一辆吉普车绕过瞭望哨，悄无声息地驶到了青年洞工地旁。待民工们发现时，时任河南省委书记处书记的史向生同志正向青年洞走来，陪同的还有杨贵、马有金等。大家一时呆住了，有的锤抡到了半空中，愣是没收回来。随后，史书记在洞中察看了一番。大家也不敢说，也不敢问。史书记把大家召集到一起，在青年洞洞口合了张影，鼓励大家说："坚持就是胜利！"

    看到史书记来红旗渠工地视察，大家就像吃了定心丸，青年洞虽然还不敢大张旗鼓地修建，但大家的干劲儿更足了。

洞中岁月

300 多名青年的"洞中岁月"开始了。

说是"洞中岁月",一点儿也不夸张。为了尽快凿通青年洞,他们与山一体,以洞为家。大冬天,天寒地冻,万木萧条,几十个人便挤在一个山洞里睡觉,胳膊挨着胳膊,肩膀挨着肩膀,挤在一起取暖。洞里潮湿,又没办法洗澡,一个人身上生了虱子,几十个人都会被传染。

虽然条件艰苦,但这些青年们却以苦为乐。有的说:"抢晴天,战阴天,小风小雪是好天。汽灯底下是白天,争取一天当两天。"还有的说:"撕片云彩,擦擦汗;凑近太阳,点支烟。"大家还在青年洞上方写下几个醒目大字:洞中岁月。

有个青年叫郭福贵,他带着两个青年炮手,腰系绳索,天天像壁虎一样悬在半山腰抡锤、打钎、放炮,头上是巨石压顶,脚下是万丈深渊,他给大家打气说:"只要修成红旗渠,咱们即便在这里牺牲了,也比泰山还重。等大渠建成了,咱们在这里立一块石碑,让后代知道他们的前辈都是英雄好汉!"为了修渠,他先后负伤七次,每次负伤后的第二天,他就又一瘸一拐地出现在了青年洞的工地上。

"小鬼脸"石头坚硬如钢,一锤下去,只能砸出个白点。好

洞中岁月

洞口小憩（徐歌，11岁）

不容易从外地借来一部风钻机，刚钻了 0.3 米就用废了 40 多个钻头。这么干下去，恐怕用坏的钻头就要堆积如山了。风钻机移动不便，也不能满足工程需要，最后还得靠人力强攻硬打。站着打，跪着敲，抡背锤，舞圆锤……十八般武艺几乎使了个遍，结果一统计：每天只前进了不到半米。这样算下去，单单凿穿一个青年洞就需要 6 年时间。

不能这么蛮干。大家纷纷开动脑筋：目前只是一味地从山体两头凿通 616 米的隧洞，确实举步维艰。如果在山体上多打出几个旁洞同时操作呢？说干就干！除从两头洞口对凿外，又在西洞口一侧开出了 5 个旁洞，将整个青年洞分成了 6 段，同时双面施工，这样就由原来两个工作面，一下子变成了 12 个工作面，而且保证了洞中空气流通。

总指挥部的干部和青年们并肩战斗，夜以继日，加班加点，

红旗渠是怎样修成的

他们创造了"三角炮""瓦缸窑炮""连环炮""立切炮""抬炮"等爆破凿洞新技术，使每个工作面每天的进度由原来的不到半米提高到1米、1.4米，一直到2.8米。

洞中岁月稠，寒尽不知年。农历新年又要到了。除夕那天下午，工地通知放假5天。有几个年轻人没有走，因为有一个工作面快要打通了，他们要加把劲儿，为年后决战青年洞打下一个好的基础。

任羊成专门绕过山体，爬进对面洞里。他将耳朵贴在石头壁上，听了又听，真切地感受到对面队友们打钎的震动。他判断，洞口马上要通了。这几个年轻人七嘴八舌一商量，最后决定用炮爆破。

此时已是除夕的深夜，正是家家户户亲人团聚的时候，没有人知道，在这沉睡的太行山深处，在一个叫作青年洞的隧道里，任羊成和他的队友们，有的背炸药，有的拿雷管……他们用隆隆的炮声，迎接新一年春节的到来。

隧洞炸通了，任羊成第一个从洞口跳了进去，却又故意躲了起来。队友们以为他出事了，提着马灯钻进来找他，他却从暗处一下子跳了出来哈哈大笑，让大家虚惊一场。

当队友们给杨贵书记打通电话汇报这个好消息时，电话线那头的杨贵激动得连连说道："谢谢大家！谢谢大家！我代表县委，谢谢同志们！谢谢同志们！"洞中的青年们拿来指挥部春节配发的白面掺着玉米面包出的饺子，以饺子和面汤代酒，端起碗："干杯！"

"无限风光在险峰"，等任羊成站在这太行之巅，已是大年初一的五更，山里山外燃放的爆竹已经噼噼啪啪响了起来，红旗渠即将迎来一个新的黎明！

风云突变

日升月落，斗转星移。

经历了 500 多天夜以继日的艰苦奋战，就在青年洞即将彻底凿通之时，杨贵突然接到上级的紧急通知，要求他马上赶到地委开会。

直觉告诉他，这次会议非比寻常，可能与修建红旗渠有关。

1961 年 7 月 14 日，杨贵匆匆赶到新乡豫北宾馆参会，以往那些"老熟人"却不敢和他握手。杨贵这才意识到了问题的严重性。地委书记晚上 12 点和杨贵谈了话，让他在第二天会议上做出深刻检查，争取主动。委屈、不解，甚至气愤一齐涌上心头。杨贵实在想不通：修建红旗渠是改变林县干旱缺水面貌的根本大计，人民群众欢欣鼓舞准备迎接"幸福水"，眼看水就要流到林县百姓家门口了，这有什么错呢？

这一夜，杨贵躺在床上辗转反侧，想了许多。

第二天上午，会议如期举行。中共中央书记处书记、国务院副总理谭震林端身正坐，各县县委书记个个也是正襟危坐，会议气氛十分凝重。杨贵缓缓地站起来，说："领导批评我们修红旗渠，我冒昧地问一句，到底有多少人去过林县？对林县的情况了解多少？农村现在出现的问题，应该实事求是地分析一下原因……"

红旗渠是怎样修成的

——

　　会场出现了一些骚动。杨贵继续发言："林县人民千百年来饱受缺水的痛苦，迫切要求修建红旗渠，如果说有错误的话，责任在我，可以撤我的职。"接着，杨贵谈了林县响应中央指示，绝大部分民工已下山休整，只留少部分人在凿青年洞。林县县、社、队三级还有几千万斤储备粮，绝不像有些人说的群众没饭吃。

　　杨贵异常激动地说："我们都是共产党员，党的干部，我们不能眼睁睁地看着十几万人翻山越岭找水吃而无动于衷。自然灾害是事实，但是坐等老天爷恩赐，战胜不了灾害，遭罪的还是老百姓！"

　　说到动情处，杨贵双眼噙满了泪花。

　　谭副总理并没有马上下结论，而是从头到尾、心平气和地听完了杨贵的发言。

　　散会后，谭副总理以最快的速度向林县派出了调查组，很快调查结果出来了：杨贵所言一切属实。自那以后，谭副总理便成了红旗渠的支持者，并一直关心着红旗渠的建设。

　　这场风波过去没几天，红旗渠咽喉工程青年洞就打通了！

风云突变
——

杨贵书记在修渠工地（李欣儒，12岁）

99

隔三修四

豫北宾馆会议之后，谭震林副总理对林县人民"重新安排河山"的精神与气魄给予了赞扬。红旗渠工程也如期推进。

1961 年 9 月 30 日，红旗渠总干渠第二期工程河口至木家庄段全线竣工。红旗渠穿过青年洞，沿着重峦叠嶂的太行山，又向林县境内延伸了 10687 米。

第三期工程启动在即，杨贵却看着办公室墙上贴着的红旗渠总干渠线路图，陷入了沉思。自开工以来，杨贵养成了一个习惯，渠道每延伸一步，他都要在这张图上用红笔标出来。今天，他终于把标识画到了木家庄。按照设计方案，接下来应启动第三期工程木家庄至南谷洞渠段，最后再修南谷洞至坟头岭的第四期工程，总干渠就算大功告成。

杨贵用笔在木家庄与南谷洞之间画了一道长弧线，弧背写上"23186 米"，又在南谷洞与坟头岭之间画了条短弧线，标上"17315米"，然后端详起来。身旁的工作人员看得莫名其妙，有的甚至担心：杨书记天天满脑子想着红旗渠，是不是有些走火入魔啦？

突然，杨贵把笔一掷，叫了起来："隔三修四！"

按目前的施工进度，等到总干渠全部建成通水，起码还需要 3 年时间。面对持续不断的干旱，这样是不是让百姓等得太久了？

隔三修四

百姓的情绪是否会受到影响？最好的办法，是让红旗渠提前通水！这就要打破常规，隔过第三期工程暂时不修，先修短一点儿的第四期工程。因为要通水，不一定非得是漳河水，可以从四期工程起点附近的南谷洞水库处，通过刚刚建成的南谷洞渡槽引水，流过坟头岭！

在这里，我们不得不提一下南谷洞水库。

南谷洞水库是太行大峡谷内的露水河蓄水工程，早在1957年就开始修建，1961年9月建成蓄水，此时红旗渠总干渠二期工程即将竣工，此后成为红旗渠重要的补水源工程。单看有26层楼高的南谷洞水库大坝，你就知道，在那个没有大型机械设备的年代，林县人民以多大的代价才建成了如此宏伟的建筑！正因拦河大坝的建设，才形成了容水可达6900万立方米的"高峡出平湖"的景象。

站在78米高的水库大坝顶上，杨贵感慨万千。他想起了牺牲的元金堂。修建水库时，存放在洞内的一箱炸药突然冒烟着火，为了挽救洞内几十名工友的性命，元金堂抱起炸药冲出洞外，还没来得及出手，炸药便爆炸了。就这样，23岁的元金堂献出了自己年轻的生命。

杨贵是怀着复杂的心情来到南谷洞水库的，他要找的是水库指挥长、自己的老战友马有金。时任红旗渠总指挥长的王才书患有风湿性关节炎，实在撑不下去了，而军不可一日无将，总指挥长这副担子非马有金莫属。但鸻鹉崖攻坚时，就抽调过马有金。现在水库刚修好，又要给人家压担子，实在有些于心不忍。

马有金似乎看出了杨贵的心思，便主动说道："老杨，你说话，县委指哪儿，我打哪儿。"

"老马，南谷洞水库竣工了，我想让你上红旗渠，可你的身体……"

红旗渠是怎样修成的

南谷洞渡槽（李旻朔，12岁）

"行！没问题！"马有金一口答应下来。

就这样，在关键时刻，马有金又顶了上来。马有金在工地上，既当指挥员，又当战斗员，搬砖和泥，打钎砌渠，样样精通，因长期坚持在一线奋斗，皮肤晒得黝黑，人称"黑老马"。由于工地生活过于紧张，马有金患上了高血压，血压一升高，他就用耳朵放血疗法缓解。严重的关节炎也折磨得他坐卧不宁，他就从山上捉蜜蜂，用蜂毒止疼。

红旗渠工程干了10年，马有金做了9年的总指挥长，这期间没有一个年是在家里过的。"一个好汉三个帮，一个篱笆三个桩。"用杨贵的话说："要不是有马有金，这个渠20年都修不成。"

打通分水岭

1961 年 10 月 1 日，迎着新中国 12 岁生日的第一缕曙光，南谷洞至分水岭第四期工程的开山炮响了。

为了使南谷洞水库的蓄水尽早输送到分水岭以南，使盼水的群众和干渴的土地提前喝上水，红旗渠工程"隔三修四"，直接越过总干渠木家庄至南谷洞段，让南谷洞至分水岭段先开工。因调整了方案设计的顺序，也可以把这一段称作总干渠第三期工程。

这一期工程全长 17315 米，其中最艰巨的工段是位于末端的分水岭隧洞。

分水岭，原名坟头岭，因这一带山岭上古坟较多而得名。如果不是因为红旗渠，恐怕这里还是一片乱坟岗。后因红旗渠总干渠到此要分出 3 条干渠而得名"分水岭"。

分水岭也是林县人能否饮用上漳河水的一道"分水岭"。当初设计"引漳入林"工程时，把它定为总干渠的终点是经过充分考虑的。这里海拔较高，只要水能迈过分水岭这道坎，靠水自身重力的作用，基本上就能畅通无阻地流向大半个林县，可灌溉全县 60 多万亩土地。千百年来，林县人想漳河水，盼漳河水，然而就是因为分水岭过高，漳河水无法越过才无法实现。

刚开始设想过一个引水点：跨越河北涉县、河南林县两境的

红旗渠是怎样修成的

天桥段。通过天桥渠，北水南调，把林县北端的漳河水引进来，但是渠首海拔太低，水还是过不了分水岭，只能作罢。

渠水怎么才能通过分水岭呢？那就必须从这里凿出一个长240米的过岭隧洞，两头还要开出100多米长，宽、高各10余米的深沟明渠。因为这项工程关系重大，承载着分水岭以南广大群众的希望，所以人们也把这个洞叫作"希望洞"。

打通分水岭，谁能担此重任？

指挥长马有金手中早有一支王牌队伍——青年突击队。这支队伍，个个生龙活虎，能征善战，因开凿青年洞而声名鹊起。只要哪里工程艰巨，指挥部就调他们到哪里去战斗。

总指挥部的治安保卫股股长卢贵喜领命后，点齐精心挑选的300名人马进入工地。为了激起青年们的斗志，他让大家把标语大大地写在洞口："拼命赶时间，斩断坟头岭，早日让南谷洞水库水流遍林县山川。"事实证明，卢贵喜确实可以独当一面。他工作深入细致、认真负责，每天钻进洞内与青年们一起奋战，随时解决施工中出现的问题。

令人欣喜的是，这绝不是一支孤军在战斗。随着农村生产的恢复，形势开始好转。1962年2月，就在分水岭隧洞挖掘的同时，县委决定把红旗渠工地民工增加到8000人。工地上的伙食待遇也提高了，每个定额工补粮标准由0.31公斤，提高到0.5公斤。修渠民工的生活条件有了改善，生产积极性普遍高涨。各方面的支援也纷至沓来，工程进度明显加快了。

经过7个月的紧张施工，1962年5月1日，分水岭隧洞胜利贯通。

在长达17315米的战线上，其他工程也全线飘红：打通涵洞18个，凿通隧洞13个，修建渡槽1座，搭建路桥、洪水桥26座，建起泄水闸4个，共建成大大小小62个建筑物。

104

打通分水岭

1962 年 10 月 15 日，南谷洞渡槽至分水岭之间的渠线竣工，期盼已久的清水提前来到了分水岭。

设置在这里的总干渠分水闸的闸底高 454.44 米，低于渠首进水闸底 10.31 米。这保障了漳河水能够缓缓地从山西流入林县境内。

分水岭开闸放水的消息轰动了全县。十里八乡的人们蜂拥而至，都想亲眼看看红旗渠引来的水到底是啥样。

面对欢天喜地的父老乡亲，杨贵趁热打铁："乡亲们，我们现在看到的还不是漳河水，而是南谷洞水库的水。我们再苦干几年，等红旗渠修成了，漳河水可比这水大得多呢！"

"唤起工农千百万，同心干！"

引来的水很快就在实践中发挥出惊人的作用。以前林县粮食亩产量只有 100 余斤，1964 年，林县粮食平均亩产居然达到了 423 斤，特别是提前受益的任村公社，平均亩产居然超过了 500 斤！所有人几乎都不敢相信自己的眼睛。

杨贵知道，此时已经不用再做任何鼓动宣传，林县人民修渠的兴奋与狂热犹如即将到来的漳河水一样，已经势不可当了。

过关斩将打通关

你听过劳动人民唱的打夯歌吗？"伙计们来打夯哟！""来打夯哟！哟嗬个嗨哟！""伙计们搭把手哟！""搭把手哟！哟嗬个嗨哟！""同志们哪，加把劲儿呀！""加把劲儿呀！哟嗬个嗨哟！"

这是民间的一种劳动号子，平常农村盖房子、打墙、修河坝、打地基时常用。几个人共同抬一个石夯或木夯，一人领头喊，众人呼应，高抬猛放，齐心协力，雄浑有力。红旗渠修建时，垒堤筑坝，平整渠基，没少喊号子。"抬老夯众人要心齐哟！三心二意可不中哟！哥哥弟弟们拧成一股绳哟！万众一心渠就成哟！"

现在，林县群众已经初步尝到了渠水带来的甜头，修建红旗渠的劲头儿就更大了。那就再加把劲儿，劳动号子继续喊起来，争取早日打通关。

1962年10月20日，上一期工程才刚刚结束，总干渠最后一期工程——木家庄至南谷洞水库段建设便拉开了帷幕。

这期工程渠线较长，共有23186米，任务量较大，多处遇到艰难工段，且情况各异，修渠大军就像武林高手一样，见招拆招，又像关羽千里走单骑一般，一路过关斩将。

这一日，修渠大军修到了盘阳，却被一座大山挡住了去路。

过关斩将打通关

要想让水通过去，那就必须打出一条长 243 米的隧洞来。采桑公社两个大队在东、西两侧摆开战场，南采桑大队民工做先锋。可谁知在洞口刚掘进 30 米时，洞顶突然塌落，塌下的石方堵住了施工现场。

闻讯赶来的采桑公社分指挥部指挥长郭增堂说道："大家还记得县委要求我们遵循的三条原则吗？修渠又修路，少占地，不毁树。修明渠要多占盘阳村多少土地啊？修渠就是打仗，凿洞就是攻打碉堡，关键时刻，就看我们能不能冲上去！"然后，他第一个钻进了洞里。接着，其他干部、群众都跟着进了洞。

为了抢时间，民工们日夜加班，轮番上阵。经过 380 个昼夜的奋战，采桑公社终于建成了盘阳洞和 1303 米明渠，把清理塌方给耽误的时间夺了回来。

刚出虎穴，又入龙潭。

随着渠线不断向前延伸，通过赵所村时，队员们又遇到了一条 80 多米宽的名叫"皇后沟"的大山谷。大渠要跨过皇后沟，设计人员就设计了一座长 80 米、高 20 多米的石拱渡槽。当时正逢汛期，夜里突降暴雨，负责现场施工的合涧公社农民技术员路银忽然想起来，渡槽孔还被石头和泥土堵着，一旦洪水下来，刚刚砌好的渡槽就会被洪水冲垮。路银顾不上喊人，跌跌撞撞地赶到渡槽下，只身跳进 1 米多深的水中，操起家伙便拼命地挖了起来，众人也随后赶来……渡槽孔挖通了，渡槽保住了，路银却累得住进了医院。

穿越道道崖谷沟壑，红旗渠修到白家庄村西时，一条 300 多米宽的浊河横在了前面，该如何闯过这道难关？

其实，工程技术员吴祖太早已备好了"锦囊妙计"。当年吴祖太在为"引漳入林"工程设计总路线时，就在这里实地勘测过。他发现这里的渠线较低，不适合建渡槽。于是，便在当地一位老

红旗渠是怎样修成的

空心坝（程资轲，14岁）

石匠杨万仁的帮助下，找到一处河滩，此处河道狭窄，上游水流缓慢，下游河床陡直，正适合建坝，于是吴祖太便设计出了一个与河道交叉的空心坝，让坝体呈弓形，坝腹设双孔涵洞，坝下设消力池。用石头砌成一个立交桥，让河水从坝上流，渠水从坝心通过，这就是"渠水不犯河水"。

虽然作为空心坝设计者的吴祖太此时已经牺牲，但姚村公社的施工队员们却在分指挥长郭百锁的率领下，用了1年零8个月的时间，最终修成了长166米、底宽20.3米、顶宽7米、高达6米的空心坝，这是一个堪称典范的水利工程杰作。他们使吴祖太的设计理念由梦想变成了现实。

1964年12月1日，红旗渠总干渠第四期工程全部竣工。至此，全长70.6公里的红旗渠总干渠从渠首至分水岭全线贯通。这全线贯通的工程，凝聚了林县人民多少的心血和汗水，正是林县广大人民群众的智慧与创造，才有了这伟大的工程！

通水典礼

没有送不走的夜晚，也没有迎不来的黎明。

1965 年 4 月 5 日，这是一个永载史册的日子。历经千辛万苦，闯过千难万险，红旗渠总干渠完工了，林县人民终于迎来了通水典礼的激动时刻。

通水庆典在总干渠终点——分水岭隆重举行。这里是红旗渠的标志性建筑，也是红旗渠的枢纽工程所在地。通过设置的分水闸，红旗渠渠水将会输送到林县的各个角落，林县千百年来干旱缺水的历史就要结束了！

这注定是林县人民的一个盛大的节日，一场集体的狂欢。

晨星未落，东方欲晓。林县人民从四面八方成群结队地向分水岭汇集。姑娘们穿上了节日的盛装，小伙子们把自己收拾得干干净净，个个看上去比相亲、赶庙会时还要精神抖擞。腿脚不利索的老人，有的坐着马车，有的干脆让儿子用小推车推着，有的抱着小孙子也要来看一眼。还有的骑着毛驴，驴脖子上挂着铁桶瓦罐，说回来时好捎罐水，让街坊邻居都尝尝……

会场上旗帜飞扬，分水岭上早已人山人海。主席台正中央是毛主席的巨幅画像。通知要求参加典礼的人数控制在 1 万人以内，可漫山遍野都是人，密密麻麻，摩肩接踵，数也数不清。

红旗渠是怎样修成的

一

除了林县县委领导班子以外，河南省委相关领导也来了，安阳地委领导、山西平顺县代表也来了，一直在林县拍摄《红旗渠》电影的中央新闻纪录电影制片厂等单位也来了。

当然，会议的主角应该是为修渠浴血奋战的英雄的林县人民。74名建渠模范披红挂绿，在前排就座，接受表彰，接受大家的欢呼。

大会开始，杨贵代表县委作庆典讲话。他说："经过五年的奋战，红旗渠总干渠今天正式通水了，这是全县人民群众的一件大喜事，是林县历史上的一个奇迹。"杨贵又满怀深情地说："漳河水是来之不易的。当你用红旗渠水浇地的时候，当你用红旗渠水做饭的时候，当你用红旗渠水发电的时候，当你用红旗渠水加工的时候，千万不要忘记中国共产党的领导，千万不要忘记国家的支援，千万不要忘记兄弟县和兄弟单位的帮助，千万不要忘记红旗渠的每一滴水都是干部和民工的血汗换来的。"

下午2时30分，随着杨贵宣布"开闸放水"，漳河水顺着红旗渠咆哮着奔泻而出，人群瞬间沸腾了！观众鼓掌欢呼，所有人用尽全力不停地喊："毛主席万岁！毛主席万岁！"

河南日报社的摄影记者魏德忠挤在现场，拍摄下了这一珍贵的镜头。

一位70多岁的老大娘，高兴地用绳子系着茶缸，从渠里舀了一缸水，一口气喝了下去，感慨万分地说："这是毛主席给我们送来的幸福水，好甜啊！"

随后，《河南日报》《人民日报》纷纷发表社论文章，为林县人民喝彩。是啊！没有英雄的人民，是不会有这一人间奇迹的。丰碑应该属于人民，是那些多得数不清的修渠英雄用鲜血和汗水乃至生命书写了一段不平凡的历史。这丰功伟绩属于智慧和勤劳的人民！

通水典礼（李欣儒，12岁）

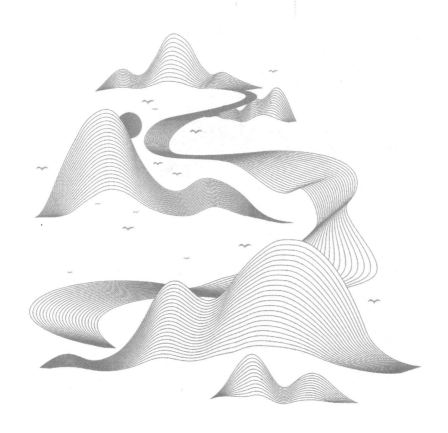

第七章　干渠支渠工程

能工巧匠（申淑贤，12岁）

"槽"还是"桥"

总干渠通水,确实令人欢欣鼓舞。但是,这并非意味着万事大吉,更不意味着"马放南山,刀枪入库",这只是意味着漳河水引到了林县的分水岭。接下来,还需要分出三条干渠,才能把水带到林县的南北西东。

打开红旗渠示意图,就会清晰地看到整个干渠大致呈"爪"字形分布。上面一笔,是总干渠到分水岭处,是总干渠与三条干渠连接的地方。下面的一撇,是一干渠,从分水闸向南至合涧公社;下面的一竖,是二干渠,从分水闸向东南至横水公社;下面的一捺,是三干渠,从一、二干渠分水闸上游560米处的总干渠右侧分水,向东偏北至东岗公社。

鉴于总干渠的施工经验,杨贵决定先修二干渠,然后集中力量,逐一突破。但是,这次杨贵的决策显然保守了。士气高昂的林县人民群众喊出了"三条干渠,乘胜前进,三年任务,三年完成"的口号,因为各方面的形势、条件已与五年前刚修渠时大不一样了。事实上,三条干渠的修建速度也远超预期。

自1965年9月起,三条干渠的建设工程全面铺开,一派千军万马战太行的壮阔图景呈现在众人面前。

一干渠修到城关公社时,被一条百米宽的河谷截断。此村叫

114

"槽"还是"桥"

桃园村，此谷叫桃园谷，河谷流过的河叫黄华河，一到汛期就泛滥成灾，导致人不能通行。因为这条河谷，两岸村民自古不结亲，隔河不种地。

遇到这种情况，一般就是建设渡槽，用高架水渠把水输送过去。红旗渠上类似的渡槽数不胜数。1961 年 8 月，投入使用的南谷洞渡槽横跨了露水河，石砌拱形结构，因有 10 孔，又称"十孔渡槽"，被称为红旗渠上"最具魅力的建筑"。

不过，这次的设计却与众不同。刚从清华大学毕业的年轻技术员贺亚斐挑起了大梁，在深入调研后，仅用一个星期就完成了设计方案。大家一打开图纸，便立刻七嘴八舌地讨论开了。有人拍着脑门儿，疑惑地问："你这设计的是桥，还是槽？"有人说："我在书本上都没有见过这样的桥。"但是马上又有人自豪地回答："咱们把桥建成后，写到书里去，书本上就有了。"

原来，方案设计是一座三用渡槽，槽下过洪水，槽中通渠水，槽上通行人、跑汽车。这样渡槽和渡桥合二为一，既解决了渠水与洪水交叉的矛盾，又能通水通车。因为渡槽横跨桃园河谷，就起名为"桃园渡槽"，又叫"桃园渡桥"。

但是，难题还是一个接着一个来。岸陡谷深，要在谷中建起渡桥，起码要有七八层楼高，怎么架设？渡槽暗渠泥沙淤积，怎么解决？渡桥如何减少洪水的冲击力？

浊漳河水泥沙量不小，如果是明渠，清淤还好办，但渡槽变成渡桥，明渠变成了暗渠，清淤就成了问题。有没有办法让这段渡槽减少泥沙沉积呢？把暗渠的落差加大！水流湍急的地方肯定留不住泥沙。设计人员马上试验，得出 1:1700 的渡槽落差比能大大减少泥沙的沉积，问题迎刃而解。

渡桥一体三用，压力全压在了几根粗壮的桥墩上，汛期洪水不断冲刷，这几根桥墩能撑得住吗？那就要在保证桥墩承受力的

桃园渡桥（薛媛媛，14岁）

"槽"还是"桥"

同时，把桥墩迎水面设计成三角形，尽量减少洪水接触面。

更大的难题接踵而来。要在高空中建成由 7 个桥墩组成的渡桥，就得搭脚手架和拱架，这需要至少 3000 根好木料，而指挥部只能配备 1000 根，还差 2000 根。采桑公社分指挥部的指挥长郭增堂专门给大家算过这笔账：买一根 8 米长的木杆，从安阳运到林县，原价加运费 80 元一根。只要少用 1000 根木杆，就能节省 8 万元，这些钱能买 80 万斤粮食，够全县人民吃一天了。

"巧妇难为无米之炊"，怎么办？郭增堂和技术员秦永录召开"诸葛亮会"，大家反复琢磨节省木料的办法。最后根据"立木顶千斤"原理，参考农村盖房时"上梁"的办法，下面不用木头，而用石头垒的柱子支撑，搭建起 24 米高的脚手架，上面用一根通梁，用木头撑券架、桥洞，这称为"简易拱架法"，结果连 1000 根木料都没用完。这样不仅节省了木料，还提高了施工效率，很快，这种做法便在各个工地推广开来。

经过 103 天的日夜奋战，一座长 100 米、宽 6 米、最大高度 24 米的 7 孔大渡槽飞架在桃园谷上。这座桥是红旗渠上最高的渡槽，雄伟壮观，被评为三条干渠上"最具创意的建筑"。两岸群众更是拍手称赞："二十四米高，巍峨一渡桥。通水又通车，好上又加好。"

1972 年，交通部邮政总局发行了一套《红旗渠》邮票，共发行 4 枚，其中第 3 枚就是桃园渡桥，图案大气磅礴，宏伟壮观，极富视觉冲击力。

土吊车上阵

当年在红旗渠工地上，到处可见拉杆起吊的"土吊车"。在红旗渠二干渠建设夺丰渡槽期间，工地民工竖起悠杆当吊车，把低处的石料吊上去，然后几个人一组，一起拉绳子，太重太高的就几组一起上，通过杠杆原理，把重物运送上去施工。想象一下，在施工时，几十架这样的"土吊车"在空中游来游去，多么壮观！民工们叫它"老雕""游龙"。

民工中有一位年轻姑娘，只见她抬着头，皱着眉，盯着上方，手攥紧绳子，弯着腰，使劲儿往下拉。胳膊被拉得红肿，手被绳子磨出了鲜亮的血泡，就这样坚持一天天地苦干，亲手把一块块石料吊上了墙。这位年轻的姑娘名叫李泉珍。

李泉珍那时候才17岁，刚刚走出中学校门，正赶上修建渡槽的后期工程。她二话不说，便投入到渡槽建设中。李泉珍干活儿毫不含糊，有时候比男同志干得还要多。民工们赞叹说："学校门刚出来的嫩芽儿，有志气！"

李泉珍参与修建的夺丰渡槽，位于河顺公社东皇墓村附近，这是红旗渠干渠中最长的一座渡槽，全长413米，宽4米，有50个孔眼，由河顺公社承建。这里地势复杂，工程量大，施工条件艰苦。建设夺丰渡槽的过程中，一连创造出好几个"没想到"。

土吊车上阵

设计渡槽工程需要8个月的时间，在缺乏现代化运输工具的条件下，专家预估运送石料大约需要花费1年时间。可没想到的是，河顺公社的群众只用了1个月就完成了石料运送任务。

为了修建这样大的工程，公社群众都被发动了起来，男女老少齐上阵，大车小车齐出动。他们每天出动700多头牲口，畜力车达600多辆，从五里外的山上拉石料。有些路段太陡，甚至根本没有路，牲口拉着数百斤的巨石，稍不留神，车和牲口就会一头栽下山去。即便如此，大伙儿还是一趟一趟地往返运石料。甚至就连放学后的孩子们，也会主动去扛一块石头送到工地上。就这样，牲口驮，肩膀扛，运输线上车水马龙，仅用了一个月，运料任务就全部完成了。

为了找到优质石料，河顺公社分指挥部的副指挥长郭振彪和技术员郭维仓一处山石、一处山石地挨着找，近处的石料不好，就到远处找。

石料锻造是个技术活儿。工匠们宁肯多花费力量，也不肯降低石料质量。各大队普遍采取老石匠带徒弟的办法，老手带新手，先锻出几块样板石，再让徒弟"依葫芦画瓢"。锻石是有讲究的，每一寸宽锻三道纹，每块石头要求底面平整，五个面干净，行话叫"寸三道，五面净"，这样锻造出来的石料有棱有角，质量过硬。

夺丰渡槽修成后，人站在上边，精锻细造的大青石一溜铺展开，一眼望不到头，设计精美，气势雄伟，施工考究，充分展现了林县人的工匠精神，夺丰渡槽被誉为"红旗渠上的工艺品"。

在整个红旗渠修建过程中，人民群众的积极性都很高。夺丰渡槽运沙供应不上时，李泉珍和几个女青年主动向连长请命去推沙。连长说："这不是你们女孩儿能干的活儿，越沟爬坡，来回几十里路呢！"姑娘们不服气，推着车就走。可走到中途时，她们使出了吃奶的劲儿，车轮不但不往上滚，还往下溜。李泉珍放

夺丰渡槽（薛媛媛，14岁）

下车说："一人推不动，咱们一起拉车上坡。"就这样，姑娘们硬是拉车过了坡。

杨贵曾总结说："总干渠一通水，群众的积极性简直不可遏制，县委指到哪儿，干部群众打到哪儿。思想政治工作是具体的，不能光讲空话。只要一心为了人民，真心依靠人民，用看得见的利益去动员群众，群众的积极性就会一浪高过一浪。"

1966 年 4 月 5 日，前后只用了 50 天时间，工程便竣工了。由于这座渡槽是在人们极度渴望通水、夺取丰收的意愿下建成的，所以人们把它命名为"夺丰渡槽"。

曙光就在眼前

红旗渠水流到了林县，有人高兴，有人却高兴不起来。渠水浇灌到的地方，一片生机盎然；渠水浇不到的地方，麦苗都耷拉着脑袋。东岗公社又称"火龙岗"，因为渠水被火石山、豹子山、卢寨岭三座大山岭阻隔，东岗公社，连同河顺公社都喝不到红旗渠水。

为了让更多的林县人喝上红旗渠水，总指挥部专门设计了三条不同流向的支干渠。其中第三干渠尤为特殊，第一、第二干渠是从分水岭处向南延伸，地势较低，可以说渠水是"高开低走"，第三干渠却要伸向东北，像卢寨岭这些大山，比分水岭地势还高，水流简直是"低开高走"，谈何容易！

设计人员说："太行山的岩石再硬，地质再复杂，总干渠都穿通了，也不能叫卢寨岭挡住。"东卢寨施工连连长王师存激动地说："现在漳河水流入林县，我们大队也不能看着渠水还种旱地。卢寨岭就是一座铁山，也要戳它个窟窿。"

王师存说这些话是有底气的。王师存所在的东岗公社曾在修建总干渠时，征服过石子山，攻下过红石崭，打出了威风，被评为"无坚不摧"模范营。王师存自己脸上留下的一条 10 公分长的大疤痕，也是拜石子山所赐，可他却不以为意，还笑称这是红

红旗渠是怎样修成的
一

旗渠赏给自己的"军功章"！

东岗公社在卢寨岭上摆开了战场，可一交锋才发现卢寨岭没那么容易对付。首先，卢寨岭近4000米长，如果修明渠，就要劈山挖石，工程量太大，很不现实。如果挖隧洞，将意味着在卢寨岭地表下几十米深处作业4000米，这将是红旗渠工程中最长、最深的一条隧洞了。更要命的是，由于隧洞经过村庄，不能使用炸药，几乎得纯手工完成。

大家咬着牙，操起工具，一锤锤打，一铲铲挖。

当然，苦干不等于蛮干。由于渠线太长，民工们采取竖井分段作业法，爬到岭上自上而下准备开挖34个竖井，这样使工作面扩大到了70个，1300名突击队员同时施工。洞底暗无天日，怎么辨认方向呢？大家就用两根绳子系上两根指引方向的木棒放到井里，根据木棒的方向判断井下方位。

王师存带领的东卢寨连负责34号井的施工。大白天井下也是伸手不见五指，王师存就提来自己家的马灯照明，大家纷纷效仿。洞里空间狭小，抢不开大锤，那就用短锤。遇到流沙层和地下水时，洞内的积水同石灰就会被搅成了泥浆，王师存和民工们泡在泥浆里，腿被泡烂了，流脓淌血，也没人喊过一声疼，没人叫过一声累。

施工任务提前50天完成后，王师存他们又主动承担起打26号竖井的艰巨任务。当平洞打到100米的时候，突然听到身后轰的一声——塌方了！王师存和民工付黑旦被堵在了隧洞内。

洞外的响声渐渐消失，洞内的空气越来越稀薄，马灯的火苗忽明忽暗，越来越小，最后的一丝光亮也熄灭了。随着洞内无边的黑暗袭来，两个人只能听到彼此沉重的呼吸声。

生死关头，王师存鼓励同伴说："拿着工具挖，只要还有一口气，就要挖出去！"他们还用钢钎不停地敲击洞壁，给外面传

曙光就在眼前

曙光洞（郭怨含，12岁）

递信息。很快外面的人听到了动静，也开始全力抢救。

　　时间一分一秒地过去了。终于，被阻塞的洞口挖开了一条细缝，一线曙光照了进来。死里逃生，他们终于得救了！

　　这条隧洞是通往东岗公社和河顺公社北部的咽喉工程，这座大型隧洞，是在光辉的毛泽东思想照耀下修成的，所以这条隧洞被命名为"曙光洞"。

红英汇流

　　红英汇流是红旗渠上的著名工程。这里的"红"指的是红旗渠一干渠，"英"指的是英雄渠的主渠道，交汇点在合涧公社上庄村西南处。

　　新中国成立后，林县人民曾修建过英雄渠、抗日渠、爱民渠，还有南谷洞水库等水利工程。英雄渠，原名淅河渠，水源取自流经林县南部境内的淅河。1956年春始建，后经杨贵提议，改名为"英雄渠"，于1958年5月1日竣工通水。

　　为了修这条渠，有的人家大年初一，把门一锁，全家一起上了工地；有的新媳妇刚过门三天，也加入到修渠队伍当中；有的共产党员咬破手指，写下血书，以表明修渠决心；妇女突击队员运土打夯，连夺5次红旗，被称为工地上的"穆桂英"。

　　英雄渠的开工建设为红旗渠修建积累了宝贵的经验和技术，7年之后，红英汇流终于完成。

　　红英汇流看似简单，实则技术性很强。两渠交叉、渠水相互冲击渠道是施工的难题，而找准两渠汇流点则是解决问题的关键。既要保证汇流点的高度要低于红旗渠一干渠，还要充分考虑两渠水流量的不同，必须保证英雄渠的水不能倒灌到红旗渠内，只有这样两渠水才能顺利合流。

红英汇流
—

红英汇流（王怡丹，15岁）

红旗渠是怎样修成的

一

合涧公社承接了这一工程，但是他们一无水利专家，二无图纸，该怎么办呢？这时候大家想到了"土专家"路银。路银利用土法创制的测量仪器"水鸭子"，前前后后进行了数次测量，最后找到了准确的汇流点。路银还对汇流处"两进一出"的闸门进行了独具匠心的设计，就这样成就了"红英汇流"这一建筑精品。

1966 年 4 月，红英汇流的完成，宣告了三条干渠全部竣工。这之后就真的是"三军过后尽开颜"了！

4 月 20 日，全县人民隆重举行红旗渠三条干渠竣工通水典礼。因红旗渠与英雄渠汇合具有特殊的纪念意义，所以主会场就设在红英汇流处。同时，大会还在桃园渡槽、夺丰渡槽、曙光洞和安阳县马家公社科泉西长虹渡槽设立了四个分会场。当天有 12 万人参加现场大会，21 万人收听广播，盛况空前。

12 点 20 分，中共河南省委第二书记、省长文敏生在"红英汇流"处的桥上剪彩，奔腾的红旗渠水和英雄渠水汇流而下，犹如一道飞瀑，溅起一道道雪白的浪花。欢呼声、爆竹声、锣鼓声，响彻云霄。

中共河南省委、省人委现场赠予林县人民一面锦旗，上面写着"高举毛泽东思想伟大红旗前进"13 个大字，赠给参加红旗渠建设的英雄模范每人一本《毛泽东选集》。

文敏生在典礼大会上讲道："红旗渠的建设说明，用毛泽东思想武装起来的人民有最大的战斗力，人民群众有着无穷的智慧和无穷的创造力……英雄的人民创造了人间奇迹，通过艰苦的斗争，又锻炼了英雄的人民。在修渠的过程中，涌现了大批的英雄模范和能工巧匠，他们是革命的闯将，是改造大自然的英雄……红旗渠是全省人民向大自然开战、艰苦创业的光辉榜样……"

很快，一场"学林县、赶林县、超林县"的运动在全省范围内蓬勃展开。

第八章

太行山碑

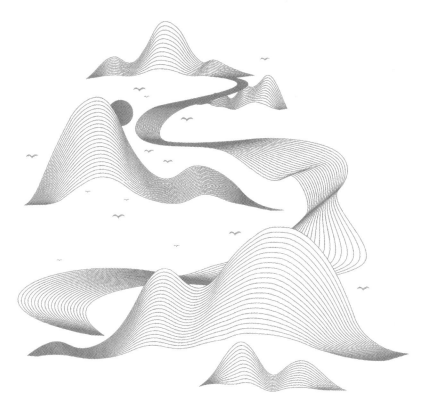

铁姑娘（王紫祯，11岁）

水盆水平仪

你见过用水盆做的水平仪吗？在一块平整的石头上面放置一个洗脸盆，盛上半盆水，把一个四条腿的板凳倒放其中，两边用棍子稍稍固定，板凳的每两条腿上横着平行缠上两条细线。当两条细线和要测定的点形成三点一线时，就能测出是否水平。民工们把这个测水平的简易装置叫作"水鸭子"。

提起红旗渠水利建设的设计规划，大家首先想到的是吴祖太。确实，吴祖太是黄河水利专科学校科班出身，直接参与完成红旗渠工程的整体设计，但修渠毕竟不是一朝一夕的事情，也不是一个人的英雄史诗，道道技术难关还得由一批批技术人员去攻克、去解决。

"农民水利专家"路银，在工地上也是人尽皆知。路银担任合涧公社分指挥部的施工员，主要负责渠道测量和施工管理。他虽然文化水平不高，却喜欢钻研技术，很快便成为远近闻名的"土专家"。在总干渠皇后沟大渡槽施工时，因要测量地平，但缺少专业的水平仪，路银便用土办法，改造出了这种叫"水鸭子"的简易水平仪。

这种水平仪简单易学，路银将这一绝活儿传授给了几百人。谁能想到，红旗渠数百公里的渠线，竟然大部分是靠路银他们用

红旗渠是怎样修成的

—

洗脸盆、木板、麻绳和皮尺测量出来的呢?

红旗渠建设是一项大型的水利工程。要想顺利拿下这项工程,离不开三类人通力配合。一类是像吴祖太这样的水利专家,一类是工地上自己培养出来的像路银这样的"土专家",还有一类是在工程建筑设计中能够组织、协调、拍板的领导干部,三者缺一不可。

周绍先,林县县委书记处书记,"引漳入林"工程总指挥部的第一任总指挥。他带领吴祖太等工程技术人员一路跋山涉水,忍饥挨饿,研究渠道通过的位置,勘测"引漳入林"渠线,为县委作决策提供了可靠依据。

段毓波,曾先后任红旗渠总指挥部工程股股长、办公室主任、副指挥长,参与了红旗渠选线、定线和历次施工方案的制订。修渠期间,杨贵一直担心漳河水引不到林县,请县水利局反复测量,并说万一技术上出了问题,到时候两人都得从太行山上跳下去谢罪。杨贵所说的这一位,就是时任水利局局长的段毓波。段毓波没有跳崖,他选择了跳河。在渠首截流施工中,他与干部、民工们一起跳进了刺骨的漳河水里,完成了渠首拦河坝工程。

虽然当时水利专业人才匮乏,但实际上,除了吴祖太,在林县水利系统工作的工程技术人员还有好几位。这当中有最早一批懂技术的康加兴,有新中国成立前北洋大学土木工程建筑系毕业的李生渊,还有在吴祖太牺牲后,成为主要工程技术人员的商国富。

还有指挥部工程股副股长李天德。白天,他翻山越岭在太行山的半山腰上测量;晚上,在油灯下用算盘计算、复核数据,最后定下来了红旗渠渠线的一系列数据。

据不完全统计,修渠期间,参与规划设计的有名有姓的林县水利局工作技术人员至少有20人。

有人说:"今天很难,明天会更难,后天一定很美好,只可惜,大部分人等不到后天升起的太阳。"红旗渠建设撑过了三年经济困难时期，到1963年以后情况有了明显好转，外部环境得到了极大改善。安阳专署水利局派出刘鹏南等14位工程设计人员前来援助。河南省水利厅派出以李国堤、顾嘉典、金惠敏为代表的20多名工程技术人员深入红旗渠工地，提供规划设计与技术指导。他们修改、完善了原工程的设计方案，并为红旗渠工程争取到了国家基本建设项目，红旗渠建设得到了来自中央的支持。

红旗渠是凭着林县人"愚公移山"的精神，一锤一钎地凿出来的，在峭壁林立的太行山上开凿出一条上千公里的"人工天河"，就是放到今天，工程技术人员也不敢保证设计万无一失。红旗渠建设工程，一共培养出了5万名工匠、3000多名施工队长和技术员，他们在整个红旗渠工程建设中发挥了中流砥柱的作用。

小小责任碑

红旗渠的修建就是林县人"垒石头"的故事。没有先进的技术手段和机械设备，红旗渠基本上是靠林县人自创的土方法，一钎一锤凿出来的。

沿着红旗渠畔走一走，会发现许多渠段都立有石碑。上面写着"城关公社其林台大队""城关公社下庄大队""姚村公社西张大队"等字样，甚至有的碑上还刻有名字。这就是红旗渠工地上特有的"责任碑"。

"千里之堤，溃于蚁穴"，县委书记杨贵深深懂得这一点，所以在开工之初就明确提出严把工程质量关，要达到"千年不倒、万年不漏、永久无损"的目标要求。为此，红旗渠总指挥部和工地党组织下达了统一的施工细则。通过实践，还制订出各项工程质量要求和定额标准，甚至细化到每一处石头具体的尺寸大小。

林县副县长、工地总指挥长马有金天天带着根钢钎在工地上转悠。各施工队队员也早就铭记：渠道宁宽不能窄，渠墙宁高不能低。护坡宁厚不能薄，渠底宁低不能高。

负责承建的各公社、大队实行责任承包制。每期、每段工程竣工验收后，要在渠岸顶端、建筑物旁立一块石碑，作为责任界碑。杨贵说："这块小石碑既是修渠民工功绩的记载，也是红旗渠永

小小责任碑

久性的质量标志。30 年内渠道出了问题，当初谁负责修建，谁还要负责重修。"

马有金常挂在嘴边的一句话是："百年大计，质量第一。"别看他常与民工嘻嘻哈哈，但一旦遇到质量问题，他就会马上黑脸，只为"百年大计"着想。他说："质量重于泰山，我们现在干的是利在千秋的大业，即使以后我们过世了，我们的子孙还要吃水浇地，必须提高工程质量，绝不能让他们受二茬罪。"

在修建白家庄空心坝时，马有金对工程的进度和质量抓得很紧，他对姚村公社分指挥部的指挥长郭百锁说："百锁呀，水火无情，如果明年汛期一场洪水下来，空心坝被吞没，咱俩都是人民的罪人呀！"郭百锁深感责任重大，垒砌大坝时，他带病和民工一块搬石垒砌，和泥浆，生怕有任何闪失。大家劝他回住处休息，他却说："大坝是红旗渠的重要工程，我得亲眼看着它胜利落成才行。"

世上就怕"认真"二字。修建空心坝是林县人民的一大尝试，他们以高标准的质量，给后代做出了一个敢和河水抗争的空心坝典范。

采桑公社分指挥部的指挥长郭增堂对工程质量要求严格也是出了名的。在修渠工地上流传着这样一句话："宁叫老郭笑，别叫老郭闹。"每次郭增堂检查质量时，如果质量好，他高兴得满脸笑容；质量不好，他两眼一瞪，就要求立即返工。

一开始，大家都觉得这位指挥长过于苛刻。郭增堂相信，"干部敢下海，群众敢擒龙"，他用自己的实际行动，给大家做榜样。垒砌渠墙时，用的石灰泥浆很关键，他走到哪里都要先给青年民工做示范，然后讲解技术要领。他对青年民工说："不要以为和泥是个轻巧活儿，和泥挤浆如果混进一个豆粒大的生石灰球，垒到墙里就等于埋了一颗定时炸弹。石灰球见水就爆，要知道将来

红旗渠是怎样修成的

—

这渠里流的是 20 多个流量的水，压力有多大，到那时，就是长上一千只手也捂不住窟窿。"

采桑工地上的民工都会一套施工技术顺口溜，勾缝民工都知道："掏缝三公分，上下左右掏干净，随扫随掏用水冲，验收批准才勾缝。"锻料石的民工会背："石质好，五面净，横顺竖直合口缝。"和泥民工会说："淋好灰汤选好土，泼层灰汤上层土，闷大堆，和好泥，当天不使当天泥。"

为了确保修渠质量，上级派了工程师与技术专家进驻工地，各营、各连都配备专职的施工员、技术员，领导干部要蹲点，搞评比，搞样板，全面推广促进展。红旗渠通水多年，几乎没有出现过一次质量问题。

今天走在红旗渠畔，脚踏一块块整洁、美观的青石，目送蜿蜒曲折的渠水至目不可及的远方，我们依然感叹当年修渠人的工匠精神。

同吃一锅饭

有一天，县委书记杨贵下工地劳动。中午开饭时，炊事员特意偷偷地给他煮了碗小米干饭。杨贵发现自己吃的与大家不一样，便发了脾气："怎么能给我搞特殊？大家干那么重的活儿都吃不上小米干饭，凭啥给我吃？以后我只要在工地上吃饭，大家吃啥，我就吃啥。谁给我开小灶，谁自己吃去！"最后，一碗小米干饭倒进了大锅里，30多人一块享用。

工地当时有规定，党员干部要"五同"：干部与群众同吃、同住、同劳动、同学习、同商量。虽说条件艰苦，但干部与群众一样同吃一锅饭，同啃窝窝头，同宿"林红庄"，同住"清凉宫"。遇到困难了，一起学习、商量，共同想办法解决。遇到突发事件，不用层层上报，领导干部就在一线群众中间，与群众一样风吹日晒，穿粗布烂衫、钉掌布鞋，往往是"民工一身汗，干部一身泥"，你根本分不清楚谁是谁。有一次，杨贵到渠道工地督察，站了半天愣是没分辨出谁是分指挥部的人。

工地上还有一个"六定"规定：干部定任务、定时间、定质量、定劳力、定工具、定工段。工地上每个干部都建有劳动手册，规定有每月的劳动时间和天数，可以超额，但不能拖欠。马有金兼着副县长和总指挥两个职务，有一次月底统计，还差10天没有完成劳动

红旗渠是怎样修成的

任务，大家都劝他不用太较真儿，可他硬是在下个月里加班加点，补齐了拖欠的任务量。马有金当总指挥长的 9 年时间里，年年参加工地劳动的时间都在 200 天以上。

工地上还有个不成文的规定，比如，干部口粮标准要比群众低，工作量要比群众大。如果民工每天口粮补 2 斤，那么干部当天补 1.5 斤；民工要是补 1.5 斤，那么干部就只补 1.2 斤。而定工作量时指标就要倒过来：如果干部凿洞一天能够推进 1 米，就给群众定 0.8 米；如果干部一天能够修渠 5 米，群众的标准就定成 4 米。

"话说千遍，不如一干。"别看杨贵平常舍不得多吃口饭，但要是听说谁生病了，他就是跑几十里地也要带着东西去看望对方。总指挥部副指挥长、法院院长郭法梧，每天肩扛大绳，随凌空除险队一起上山下谷，民工们打趣地说："法院院长变成除险队长了。"

群众都觉得，跟着这样的干部干，再苦再累也无怨无悔。群众说："党员干部流汗水，群众就不怕流血水；党员干部搬石头，群众就可以搬山头！"

任羊成刚到工地时，李贵当面问他："你怕死不怕？"任羊成老老实实回答："怕死。"李贵半玩笑半认真地说："那你入党吧，入党就不怕死了。"后来，李贵又见到任羊成时，关心地又问他："现在还怕死吗？"任羊成骄傲地回答："现在不怕了，我入党了。"共产党员连死都不怕，还怕困难吗？在红旗渠通水典礼上，被表彰的劳动模范中，80% 以上都是共产党员。

很多年后，回忆起那段岁月，杨贵说："当时我们要是稍有点儿私心杂念，红旗渠绝对修不成。大家没有一点儿想靠这个当官的意思，群众最急切要解决的问题是什么，是缺水，那咱就修渠！"

一天给开多少钱

红旗渠修了 10 年，林县 50 多万人民几乎都参与了修建。干部群众长期吃住在工地，天天吃糠咽菜，还要出大力，流大汗，大家一定很好奇：红旗渠的建设者们，一天开多少钱的工资呢？

这个问题，如果你问长期在工地上干活儿的张买江，他可能会生气地说："那时候谁会提'钱'这个字？"

开凿青年洞时，缺粮少菜，任务繁重，很多年轻人包括掌勺的炊事员都得了浮肿病。著名摄影记者魏德忠当年拍摄到一张女青年突击队员们的合影，照片中的她们站在红旗渠工地上，圆润的脸庞露出了灿烂的笑容。魏德忠知道，女青年的脸庞看似丰腴，实际上是长期又累又饿导致的浮肿。

天天吃不饱肚子，究竟是什么能让大家这么开心呢？

1965 年 4 月 5 日，在总干渠通水典礼会上，要表彰一批参加红旗渠建设的英雄模范。一位模范早上出门时，家人拿出一双新纳的鞋子给他穿。他不舍得，出了门就把新鞋脱了，揣进怀里，光着脚走到了大会现场。等到上台领奖时，他才小心翼翼地把新鞋套在脚上，然后走向领奖台，高兴地举起了自己的奖状。在他心里，这张奖状至高无上，上台时穿双新鞋，这就是仪式感！

一年后，三条干渠通水，林县县委和县人委给 33 个特等模

137

红旗渠是怎样修成的

范单位和 43 名特等模范人物发了奖状。86 个单位成为红旗渠建设模范单位，732 人受到了表彰，每个人都得到一张写着自己名字的奖状，还有一本《毛泽东选集》。这就是当时能够得到的最高奖励。

修渠的时候，无论干什么，没人讲条件，大家都是无私奉献。比如，今天傍晚石灰窑该点火了，窑上装的石头还不够，领导一布置，大家就积极报名。大家都知道得先备好料，得把好石头留下来垒渠，没人会先问干这活儿给多少钱。

修红旗渠时，大家喊的口号是"头可断，血可流，毛泽东思想不可丢"。几乎在所有的工地上，都立着一幅毛主席画像。社员们白天开山凿渠，晚上便在山洞里或临时工棚里就着昏暗的煤油灯学习毛主席著作。若遇到了困难，受到了挫折，那就忆苦思甜，听听毛主席的教导，想想自己是咋想的，咋干的。对照思想，解决问题，克服困难，鼓起勇气。

用毛主席思想武装起来的人民群众，迸发出强大的战斗力。民工们纷纷把学习心得和豪言壮语贴在工地的悬崖峭壁上，以鼓舞斗志。"人民，只有人民，才是创造世界历史的动力。""劈开太行千层岭，红旗水流殷万代。""撼山易，撼建渠民工斗志难。"

民工们说："毛主席领航咱紧跟，铁肩能担一千斤。劈山修渠为革命，敢教山河日日新。"采桑公社青年秦来吉作诗："毛泽东思想导航向，越学心里越亮堂。寒流滚滚铸斗志，狂风飞雪无阻挡。大山肚里春潮涌，喜迎太行山花放。"

只要看看这些民工的出身，我们就能理解当年为啥老百姓会有这种朴素真挚的情感。路银 13 岁时，林县大旱，他爹活活被饿死；元金堂 4 岁就没了爹和娘，是被人从麦秸垛里捡回来的；李改云 6 岁时随全家逃荒要饭到山西；马有金从懂事起，就知道自己家乡是个山穷水缺的地方；还有李运保、郭财福等都是贫农出身。

一天给开多少钱

正是有了共产党，有了毛主席，人民才翻身做了主人。现在共产党要领导大家解决吃水难这一根本问题，还讲什么报酬呢？

那个年代修渠谈不上工资待遇，一张薄薄的奖状便足够了，虽然很薄，却能承载起一个人生命的厚度。路银在修渠工地一干就是10年，他家里至今还保留着一张他的劳模奖状。临终前，路银嘱咐子女把他葬在离渠最近的地方，墓碑上就写：路银 红旗渠特等劳模。

一个破木箱

当年修渠时，大家常年吃住在工地上，很少回家。时间一长，随身携带的许多生活用品无处存放，有人便打起废炸药箱的主意。工地上天天开山放炮，留下许多废弃的炸药箱，不是正好可以废物再利用，拿来盛放衣物吗？

工人想用，但谁都不好意思开这个口，因为废炸药箱是公家的东西，还得跟副县长、总指挥马有金说。那谁去说呢？这事儿就落到了红旗渠党委组织委员彭士俊头上，大家让他去问问，看花钱买可不可以。马有金黑着脸，最后才松了口，提醒"下不为例"。就这样，彭士俊花了七毛五，相当于当时一斤猪肉的价钱，买下了一个破木箱。他怕自己说不清楚，就把收据单贴在箱盖里面，以备随时检查。那时候如果谁的箱盖里面没有收据，被以贪占公物论处，那可就"跳进黄河也洗不清了"。

工地上，每一斤炸药，每一斤粮食，每一根钢钎都要入账。先到保管处登记，入库，一一对应，然后谁领谁签字。领炸药，要根据所要炸的石头的硬度、数量精确到两；领粮食，要严格按照定量，每一天多少人吃饭，需要多少粮食，什么粮食，一笔笔账都要记下来。一本本账本，规规矩矩放好，所有账目都有整有零。

当年修渠物资都是分类管理，出入有手续，调拨有凭据，月月清点。粮食、资金补助的发放程序也很严格，根据记工表、伙食表、工伤条等单据对照执行，几乎不可能虚报冒领，也没有人虚报冒领。

工地上提倡开源节流、勤俭节约。红旗渠总干渠和三条干渠修建期间，通过自制水泥、炸药、石灰，自己制造、修理工具和技术革新等，共节约1293.92万元，这些也都一五一十地登记入账。

当年每一笔账目都精细到了小数点后两位。单从这看似枯燥而又烦琐的数字，就能想象出背后有一套多么严格的财务管理制度和缜密的管理系统。可以说，进出的每一分钱都被"关"进了"制度的笼子"里。在10年修渠过程中，没有出现过一次请客送礼，没有一处挥霍浪费，没有一例贪污、腐败、受贿的案子，更没有一个干部挪用修渠物资、为自己的亲属谋取私利。

县长李贵的儿子李晓红对小时候发生在自己身上的一件事记忆犹新。当时李晓红年纪还小，就因为在父亲单位时，食堂师傅给他盛了一碗招待客人剩下的饭菜，自己狠狠地挨了父亲一巴掌。父亲坚决把钱塞给师傅，连拉带拽地把他带回家，还反复叮嘱："沾公家的光，影响多不好，以后不许占公家的便宜。"

当时，不仅负责红旗渠工地后勤保障的县长李贵是这么做的，劳模英雄任羊成也是这么做的。任羊成在凌空除险时撞掉了三颗门牙，按现在的说法，属于工伤，可任羊成从没想过让渠上给报销，最后是自掏腰包换的门牙。"不沾公家的光"，在那个年代似乎是大家的一种共识。

如今，彭士俊当年购买的那个废炸药箱静静地躺在红旗渠纪念馆里。箱盖内侧依然贴着那张纸条，上面隐约可辨两个字：收据。

年纪最小的修渠人

当年的修渠人当中，年纪最小的是谁？

提起他的名字，在渠上，无人不知，无人不晓。他 13 岁就子承父业上了红旗渠工地，17 岁就当上劳模，他就是张买江。"买江"这名字是他爹张运仁给起的。意思是说，将来要是有了钱，啥都可以不买，就买条江回来。看来，实在是缺水缺怕了，买一条江回来，水就可以取之不尽、用之不竭了。

正因为缺水，张运仁成为第一批参加红旗渠工程的修渠人，并担任南山村施工排的排长。1960 年 5 月 13 日傍晚，收工时还有一炮没有爆炸，张运仁看到许多民工纷纷离开隐蔽场所，连忙跑出安全洞高喊："还有一炮没响，赶快隐蔽。"光顾着别人的安全，他自己却被爆炸崩出来的飞石击中头部，当场牺牲。

父亲出事的那天晚上，11 岁的张买江夜里一直睡不着觉。父亲的突然去世对整个家庭来说犹如晴天霹雳。穷人家的孩子早当家。爹死了，弟兄几个当中张买江排行老大，所以在家就要挑大梁，每天要跑老远的地方去挑水。

1962 年，张买江 13 岁，母亲给他讲述了父亲在工地上献身的前前后后，说："你爹没有修成红旗渠就走了，你要接过他的担子，继续去修渠！"张买江至今还记得，上工地临走时，母亲

年纪最小的修渠人

最小修渠人张买江（李欣儒，12岁）

撂给自己的一句刻骨铭心的话："不把水带回家，你就甭回来！"

自此，张买江就成了红旗渠工地上年纪最小的修渠人，他在工地一干就是9年，中间连半天假都没请过。

张买江刚上工地，年纪太小，大家心疼他，就给他安排些轻松的活儿，但他偏要拣重活儿干。开始时，他帮着背钢钎，每天奔波于各工地之间，一走就是几十公里。母亲给他做的布鞋，没多久就穿破了，脚底也磨出了血泡。他就找来旧轮胎，拿绳子绑在鞋底。时间长了，脚底磨出了厚厚的老茧。

后来，他又在工地上看护炸药。有一次，张买江去背水，有一位年龄大的陌生人看见了他，喊他"小鬼"，张买江当时正没好气，管他是谁，就说了一句："你是老鬼！"对方不由得一愣，随即爽朗地大笑起来，并说："好，我跟你一块去背水。"水背回来一过秤，129斤！这位老先生惊讶地说："你真是个小老虎！"从此，"小老虎"这个绰号就叫开了。

事后，张买江才知道，这位"老鬼"竟是全国著名的新华社记者穆青。

红旗渠是怎样修成的

张买江人小志气大，觉得自己干的活儿太简单，他想当炮手，可是没人愿意教他。老炮手对他说："你爹就是叫炮崩死的，不能再叫你干这事。"张买江不依不饶，天天跟在师傅屁股后面，缠着让人家教，还分出自己的馍"贿赂"师傅。

最终师傅被他的执着打动了，教给他各种放炮技法，也教会他怎么躲避。在实际操作过程中，张买江想了各种办法，竟然能一次多点几个。最多的时候，他一个人在20分钟内点了72炮。

"磨难是最好的大学。"张买江从工地上最简单的搬运活儿干起，到成长为一次能点72眼炮的英雄炮手。从一个当初只有13岁的乳臭未干的毛娃子，到一个22岁的顶天立地的男子汉，他完成了人生蜕变。

终于，有一天，红旗渠水流到了小村外，流进了张买江家旁边的池塘。张买江清楚地记得，红旗渠水到家门口第一天时的情景，那一天，张买江的母亲站在池塘边看了一夜。

村民们都知道张买江家对红旗渠的贡献，通水后的第二天早上，打水村民都静静地等待着。当张买江挑起第一担水的时候，他的身后是热泪盈眶的村民们。

30多年后，有一位年轻小伙子来到了距离红英汇流不远处的红旗渠合涧渠管所，成为了一名守渠人。他的名字叫张学义，他的父亲叫张买江。

第九章

地球上的

蓝飘带

梦想成真（程资轲，14岁）

九死未悔

1966年4月，红旗渠三条干渠竣工通水典礼刚刚结束，5月5日，林县县委便召开了全县水利建设配套工作会议，要把修渠进行到底。刚刚完成的三条干渠建设是第五期工程，杨贵把这期工程称作"第六次战役"。

这期修渠与之前有很大不同。如果说之前修的干渠对大多数林县村庄来说，还有些"远在天边"，能够看见，却还够不着，那么现在要修的渠就是"近在眼前"，水已经引到了乡里、村里。可要想真正喝上水、浇上地，就需要再修建大量的支渠、斗渠、农渠、毛渠，这些渠道的公里数加起来，将远远大于总干渠和三条干渠的长度。

如果把红旗渠比作一棵大树，那么总干渠和三条干渠就是主干，接下来要修建的支渠、斗渠、农渠、毛渠就是树干上的枝枝叶叶；如果把红旗渠比作人体，那么前者是大动脉，后者就是毛细血管。通过这些枝枝叶叶、毛细血管，红旗渠水就会渗透到林县的每一寸土地，让每一滴水都发挥它的作用。

不过，漳河水离各乡村距离都很近，大家干劲儿又十足，那就交由各受益的公社来规划、设计和修建。斗渠以下的农渠、毛

红旗渠是怎样修成的

渠等田间工程，在所属公社的指导下，由大队自行规划建设。

县委还有更大的"野心"。除了完成上述支渠配套工程以外，还要把林县境内其他水渠与红旗渠衔接配套，把山、水、田、林、路统一整合，建立起以红旗渠灌区配套为中心的林县农田水利建设体系。到那时，沿渠建水库、池塘，渠边平整土地，渠上修提水灌溉站、水电站，渠旁打水井，渠土铺道路，加固田间堤岸，沿渠栽林木、架天线。渠水流经的地方再统一安装自来水。

这哪里还是修渠，这分明是一项农村综合治理工程啊！

可谁知，林县修渠局面很快就陷入了失控状态，杨贵被停职了。

直到1968年4月，在周恩来、李先念等党和国家领导人的干预下，在河南省革命委员会、省军区的关怀支持下，杨贵重新主持工作。

复出后的杨贵要做的第一件事便是安排红旗渠配套工程重新上马，决心要把耽误的时间抢回来。

不论任何时候，杨贵都丝毫没有动摇过建设林县、改造林县山河的决心与壮志。

打通最后一公里

1968 年 10 月，在杨贵的组织领导下，红旗渠配套工程再次全面开工。

看一下工程量，令人咋舌：要在总干渠、分干渠的基础上建成 51 条支渠、290 条斗渠、4281 条农渠……这些全部长度加起来，将有 3000 多公里。

这里有必要普及下红旗渠渠道"家族"。按照渠道控制面积，把灌溉 3 万亩以上的渠道定为干渠或分干渠，4000 亩以上定为支渠，500 亩以上定为斗渠，500 亩以下的固定渠道定为农渠。我们平常在媒体上所看到的红旗渠，大多是红旗渠景区中的青年洞渠段，而更多的渠道则分散于乡间僻壤而不为外人所知。

如果把这些渠道都修起来，再加上田间地头不计其数的毛渠，漳河水将会顺着红旗渠汩汩地流进千家万户。

"打通最后一公里！"

这一次就是在家门口干活儿，每支队伍都很清楚，谁先修好谁先受益，谁干得好谁受益大。大家情绪高涨，建渠效率更是空前提高。甚至以往需要县里安排的事，一个公社就可以安排好；以往一个公社集中会战的项目，现在一两个生产队就拿下来了。

红旗渠是怎样修成的

　　红旗渠第三干渠的三支渠只有21公里长，却需要绕过大小100多座山梁，跨越70多道沟崃，其中开凿隧洞的任务最为艰巨。曙光渡槽位于东岗村东部4公里的丁冶岭上，属于第三支渠上重要的建筑物，工程难度远远大于总干渠的南谷洞渡槽和第一干渠的桃园渡槽，基本上由东岗公社独立完成。他们都是自己设计，自筹物料，自己施工。

　　随着桥墩的节节升高，高空运料越发困难。有人提议，从外面租几部吊车。公社领导和几个大队支书碰头算账：两部吊车一天就得好几百元，用上几个月就是一大笔开支，还是自己想办法解决吧！后来，大家创造性地用长木杆和绳子制成了8部"土吊车"用来起重上料，工效提高了4倍多。

　　在渡槽工程的关键时期，与东岗公社相邻的安阳县都里公社东水大队也赶来援助。他们说："大渡槽虽然在林县，但是改天换地的意志却是一致的，我们是来向林县人民学习的，要与林县人民并肩战斗。"

　　曙光渡槽从1969年4月2日开工，预计半年完工，结果只用84天就建设完成。渡槽全长550米，作为红旗渠上第二长的渡槽，工程宏伟，后来被评为"红旗渠十大工程"之一。它的建成，带给林县人民希望与曙光，因此被命名为"曙光渡槽"。

　　共同受益的东岗公社、河顺公社怀着"高山层层无阻挡，定让渠水流家乡"的雄心壮志，艰苦奋战，又相继凿通了1050米长的北角岭"在险峰"隧洞、1230米长的横岭朱沙驼隧洞、503米长的红旗隧洞、500米长的牛垴隧洞、2500米长的风门岭隧洞等33个隧洞，总长9512米。

　　工地上，我们再次看到了"铁姑娘"们的身影。战斗在"在险峰"工地的17岁的韩用娣兴奋地对大伙儿说："等隧洞一打通，水流到山后，俺再也不用跟着俺爹到山前挑水吃了，肩膀也终于可以解放啦！"

在"换新天"隧洞开凿中，18岁的"铁姑娘"队长郭秋英加入了中国共产党，并在1973年作为中国青年代表团成员出访阿尔及利亚，被国际友人称赞为"中国铁姑娘"。

"打仗亲兄弟，上阵父子兵。"配套工程建设期间，我们还看到许多家庭都是一家人上阵修渠战斗的动人场面。河顺公社魏家庄大队的支书魏三然虽身患癌症，依然带领三个子女一起来到工地凿洞修渠。弥留之际，仍嘱咐子女一定要打通隧洞，引水进村。该大队17岁的共青团员刘秋才初中毕业后就到工地上锻炼，却不幸遇难。他的姐姐和妹妹化悲痛为力量，继续奋战在修渠工地上。

还有临淇公社西张村60岁的宋保贵和他17岁的女儿宋云芹，在红旗渠开工之初就来到工地，被人们称为"引漳入林渠上父女兵"。

…………

1968年10月开始，到1969年7月结束，林县人民仅仅用了9个月时间，斩断1004座山头，跨越850条沟壑，修建90多座渡槽，新建较大过水隧洞70多个，基本完成了红旗渠支渠配套工程。

1969年7月6日，林县革命委员会召开庆祝红旗渠工程全面竣工大会。这是最后一次通水仪式。

中国的"水长城"

浊漳河里的水，已经奔涌了千万年。它奔向远方，融入大海。红旗渠的水，也流淌了几十年。它滋润了林州大地，流进每个人的心里。

红旗渠究竟有多长？

我们熟知的说法是红旗渠全长 1500 多公里。有人难免会质疑：山西省平顺县到河南省林州市不过百十公里距离，林州市东西宽 29.4 公里，南北长 74 公里，一条红旗渠怎么可能会有这么长？

其实红旗渠有 1 条总干渠，长 70.6 公里；干渠、分干渠 9 条，共长 233.5 公里；支渠 51 条，共长 524.2 公里；斗渠 290 条，共长 697.3 公里。这些加起来合计 1525.6 公里。

另外，还有 4281 条农渠，共长 2488 公里，以及其他数不清的流进田地的毛渠，红旗渠总长度将达到 4000 多公里！

打开林州市水利建设示意图和红旗渠灌溉工程现状图，就会惊奇地发现，红旗渠从山西省平顺县到河南省林州市，在有限的地域空间里，闪转腾挪，百转千回，整个系统工程就像一个巨大的蜘蛛网，密密麻麻地交织在一起，构成一个庞大的水利灌溉网络，把触角几乎延伸到了林州的每个角落。

为了充分发挥红旗渠的作用，沿渠修建了大小水库 300 多座，中国的"水长城"

水塘 2000 个，把平常不用的水蓄起来，到灌溉缺水时，库、渠一齐开闸，让一条渠变成两条渠用。红旗渠的这些干渠、支渠、农渠沿线的水库、池塘星罗棋布，如同长藤瓜，遍地开花，渠连着库，库连着渠，映着蓝天白云、青山绿水，人们把这种配套工程形象地称为"长藤结瓜"。

天光云影（杨雯清，14岁）

　　这还只是"一渠十带"围绕林县水利系统搭建起来的农村综合治理工程的一部分。一个个水电站、排灌站沿渠建了起来，还有旱井、机井 10 多万眼……
　　红旗渠灌区覆盖面积究竟有多大呢？其覆盖区域约 1670 平

方公里，占全县总面积的 81.6%。实际有效灌溉面积达 54 万亩，在林县 80 余万亩的耕地中，占比近七成。

红旗渠建成后，过去"十年九旱，水贵如油"的穷山沟，如今是"渠道绕山头，清水到处流。旱涝都不怕，年年保丰收"。新中国成立初期，林县因为缺水，粮食产量很低，红旗渠建成后，水浇地面积比新中国成立初期增加了几十倍，粮食产量更是翻番，林县人吃糠咽菜的穷日子一去不复返了。

一条渠，盘活了整个林州市。

以前光秃秃的荒山野岭，现在是绿水青山，林木繁盛，瓜果飘香。林州市的林业、畜牧业与养殖业也发展了起来，就连水产养殖业都有了新景象。

随着地下水的补充，很多村庄以前打井不见水，现在不仅打出了水，而且纷纷吃上了水。林县人再也不用翻山越岭去挑水了，更不用一盆水用了澄，澄了用，循环使用多遍还不舍得泼掉。

有了水，有了水力发电站，林县的工业也如雨后春笋般蓬勃发展起来。县办工业、乡镇企业如鱼得水，煤炭、化肥、水泥、水电、机械、造纸、农副产品加工等各个行业连连创益，林县人的腰包也逐渐鼓了起来。

林县人的饮食结构开始改变；林县人的生活卫生习惯也得到了大大改善；林县原先的地方病、传染病大大减少；林县的学生数量越来越多；林县开始村村通汽车，村村通电话……

有了水，一切都活了。

这一切，都仰仗于红旗渠。10 年的披荆斩棘，10 年的筚路蓝缕，10 年的关山阻隔，10 年的栉风沐雨，终于化成了这一条盘绕在太行山千嶂绝壁上的蓝色飘带。

放眼全国，像这样的"人工天河"又能有几条？这是一条真正意义上的中国"水长城"！

流向全国，流向全世界

"劈开太行山，漳河穿山来。林县人民多壮志，誓把山河重安排……" 1971 年 1 月，纪录片《红旗渠》在全国公映，迅速引起了反响，全国各地几亿人观看了这部电影。电影插曲《定叫山河换新装》更是响彻神州大地。从那时起，红旗渠便走进国人的视野，大家也因此记住了林县和红旗渠。

为了拍摄《红旗渠》，中央新闻纪录电影制片厂摄制组与修渠民工同吃同住，一跟拍便是 10 年。用几任导演的话说，拍《红旗渠》获得的资料，比他们为全面抗战所拍摄的历史资料还要多。

几乎同时，《河南日报》的一名摄影记者也扛着相机，在红旗渠线上拍了 10 年，他的名字叫魏德忠。1960 年 2 月，他来到红旗渠工地上，看到千军万马战太行，掩饰不住内心的激动，拍下了红旗渠建设的第一幅照片《移山填谷》。魏德忠说："那种忘我的劳动场景，总是给我一股股暖流，给人一种力量。我希望这些作品，也能在未来几十年甚至更远的将来，给后人不断的精神激励。"我们今天看到的包括任羊成凌空除险等许多经典照片，多出自魏德忠之手。

新华社原社长穆青，就是在红旗渠工地上，被当年最小的修渠人张买江叫作"老鬼"的那位著名记者。他被誉为"人民的记者"，

155

红旗渠是怎样修成的

他不仅让人们记住了《周总理的嘱托》，也让中国人记住了一个个平凡而又伟大的时代英雄焦裕禄、王进喜、任羊成……

"红旗渠"这一名称的命名，是那个时代社会主义建设者发出的最强音。从建设红旗渠的第一声炮响起，林县人民战天斗地的伟大壮举就引起了中央、地方各级领导和单位的高度重视。如此浩大的工程，艰难困苦的施工环境，单靠一个北方的小县城就完成了，这使得林县人民自力更生、艰苦创业的精神很快便在河南乃至全国产生了巨大影响。全国范围内学大寨、学焦裕禄、学林县成为那个时代的标识。

围绕红旗渠建设，除各级报刊发表了数千篇的社论、消息、通讯文章外，还有许多书籍出版，并有电影和电视系列片被拍摄出来。有些书刊还被译为外文，在国外发行。1972年，交通部邮政总局还发行了一套《红旗渠》邮票，使红旗渠更为百姓熟知。

1970年底，周恩来总理在接见外宾时，非常自豪地对国际友人说："新中国有两大奇迹，一个是南京长江大桥，一个是林县红旗渠。"他希望"第三世界国家的朋友来访，要让他们多看看红旗渠，多看看林县人民是如何发扬自力更生、艰苦奋斗精神的"。

多年来一直关注红旗渠工程的国务院副总理李先念，1974年陪同赞比亚总统参观红旗渠，在登上红旗渠咽喉工程青年洞时，他高兴地说："百闻不如一见啊！看过《红旗渠》电影，也听人讲过红旗渠，总的印象不错。来红旗渠一看，更感到工程雄伟，真是人工天河……红旗渠要流向全国，流向全世界……"

1974年，邓小平副总理率团出席联合国第六届特别会议，在联合国展示新中国建设成就，放映的第一部影片就是纪录片《红旗渠》。美联社称："红旗渠的人工修建是毛泽东意志在红色中国的典范，看后令世界震惊！"

影片一经播出，在国际社会引起巨大反响，阿尔及利亚总统

流向全国，流向全世界

说要让国民学习中国人，每人看两遍。在美国学者巴尔诺的《世界纪录电影史》中，《红旗渠》是唯一一部被提及的中国纪录片，被称赞为水利题材电影中最壮观的一部。

1971 年至 1980 年，先后有世界五大洲 119 个国家和地区的友人来红旗渠参观访问，至今已有 200 多个国家的外宾来红旗渠参观学习。党和国家领导人及中央有关部委负责同志陪同外国元首也先后到红旗渠参观视察。

日本友人说："如果不看红旗渠，等于没有到中国。"美籍华人赵浩生说："中国有一条万里长城，红旗渠是一条水的长城。"土耳其革命工党主席说："林县人民修红旗渠的锤声传遍了全世界，红旗渠将永远是世界上的一面红旗。"也门共和国官员称赞："红旗渠工程比登月球更伟大。"

红旗渠享誉海内外，被誉为"人工天河"。

从"天方夜谭"到"愚公移山"，再到最后的"人工天河"，红旗渠用 10 年时间，创造出了人间奇迹！红旗渠不只是一条物质意义上的"水长城"，更是中国人永恒的精神河流，永远熠熠生辉。

后记

致敬最美奋斗者

每个人心中都有一条红旗渠。

2022 年 10 月 28 日，习近平总书记在安阳考察红旗渠时指出："红旗渠就是纪念碑，记载了林县人不认命、不服输、敢于战天斗地的英雄气概。"习近平总书记深情嘱托："年轻一代要继承和发扬吃苦耐劳、自力更生、艰苦奋斗的精神，摒弃骄娇二气，像我们的父辈一样把青春热血镌刻在历史的丰碑上。"

2022 年 11 月，文心出版社编辑刘书焕老师给我打来电话，问我能否创作一本写给青少年看的讲述红旗渠故事的图书，这句话一下子击中了我的内心。作为一名有着 26 年教学经历的中学历史教师，又长期致力于安阳文化的研究与传播，还是一名红旗渠精神研学践行者，把红旗渠建设者"最美奋斗者"的故事讲给广大青少年听，是我义不容辞的责任，于是我一口答应了下来。

接下来的 3 个多月，我便进入了疯狂的写作当中。每天睁开眼、闭上眼，一呼一吸之间，满脑子全是红旗渠，甚至做梦时也会梦见红旗渠。这期间，我没有一天不在创作，就像当年修建红旗渠一样，一步步地向前推进。大年三十那天晚上，我写到了修

后记 致敬最美奋斗者

建青年洞的那一章节，几次停笔。我想起了当年300名青年的"洞中岁月"，猜想当时的任羊成他们正在干什么。或许，当时任羊成和他的队友们正在沉睡的太行山深处，用炸药、雷管炸通青年洞的第一个隧洞，用隆隆的炮声，迎接新年的到来。

时间已经指向了大年初一的五更，山里山外爆竹的声音已经噼里啪啦地响了起来，红旗渠即将迎来一个新的黎明！此时，坐在电脑前打字的我，早已泪流满面。我仿佛成了杨贵、李贵、马有金、任羊成、李改云、张买江、路银、郭增堂……我与他们一起欢笑，我与他们一起哭泣。只不过他们是在太行山上修建红旗渠，而我则是在心灵深处修建红旗渠。

感动天，感动地，感动了我自己。那么，这本书能不能感动广大的青少年读者呢？我认为，最好的思政课，必须具备两个基本要素：一是有意思，二是有意义。本书既然是写给广大青少年读者的，就决定了它不能写得枯燥，语言能被孩子们接受，不要说教，不用概括性语言，只以客观、朴实的语言叙述事件，让学生读后自己去感受。

红旗渠的建成不是一个人的英雄史诗，而是集体奋斗的结果，所以本书的架构以时空为序，以故事的方式展开叙述，把一个个有血有肉的人物形象融入宏大的叙事中，在集体主义的光芒下，彰显个体生命的价值与意义。

本书主体部分由50多个故事组成，用一个个故事勾勒出红旗渠建设这一宏伟工程整体的来龙去脉，保证内容环环相扣、引人入胜。在每个故事创作中，引领学生去阅读、去思考、去闯关、去体验，使本书具有一定的科普性。你对红旗渠了解、认知得越多，就越迫不及待地想把你知道的写给孩子们看，讲给孩子们听。我们相信，当广大青少年读者读完这本书时，一定会完成精神上的蜕变。

红旗渠是怎样修成的

红旗渠就是一部人生智慧的百科全书。只要读了红旗渠，就会从中受益。对青少年来讲，如何像习近平总书记说的那样，克服"骄娇二气"？看看当年的林县修渠人，他们大多年龄不大，平均年龄为20多岁，最小的只有十二三岁，也有学校组织初中生到工地边学习边锻炼。他们吃了多少苦，受了多少累？相比之下，我们幸福太多了。

红旗渠修建成功告诉我们一个基本道理：世界上根本就没有"万事俱备"的时候，如果一味等待"万事俱备"，到时候你仍会觉得"还欠东风"，最终将会一事无成。虽然红旗渠建设有特定年代因素，但红旗渠精神永远值得我们学习。人生就像修建红旗渠一样，不会一帆风顺，更多的是蜿蜒曲折，历经坎坷，高潮低谷，跌宕起伏，但终究要靠奋斗去赢得属于自己的辉煌幸福与高光时刻。

这本书之所以能够创作成功，要感谢许多人，可以说这一过程真正体现了红旗渠"团结协作"的精神。

本书另一位作者杨军生于林州，从小便在红旗渠畔"红英汇流"附近生活、学习，对家乡有着深深的情怀，为这本书的整体框架进行了精心设计，对本人的初稿进行了完善与修订。写作过程中，我们参考了三联书店出版的《红旗渠志》（1995版），中国出版集团、世界图书出版公司出版的《红旗渠图志》，杨震林著《山腰上的中国红旗渠》，魏德忠著《红旗渠（历史珍藏版）》。还参考了郝建生、杨增和、李永生著《杨贵与红旗渠》，北京图书出版社出版的《红旗渠日记》，焦述著《红旗渠的基石》，郑雄著《中国红旗渠》，白青年著《红旗渠劳模任羊成》等近20种图书。可以说，我们是站在这些"前人"的肩膀上完成了本书的著述，在此一并感谢。

我们要感谢林州市西街学校的王浩良校长、葛晓亮老师，更

后记　致敬最美奋斗者

要感谢林州市西街学校的学生们。此书中的版画插画都源自这所学校的学生之手。他们为此书创作的版画作品，虽略显稚嫩，却是来自红旗渠家乡的孩子们献给前辈们最珍贵的礼物。

我们要感谢阅读推广大使郭辉女士对本书的大力支持，我们都有一个共同的愿望：把最美奋斗者的故事，讲给亿万少年儿童听。感谢红旗渠精神传播者申军昌先生为本书作序，并参与了本书的审核过程，还要感谢林州市红旗渠风景区给我们提供的无私帮助。

河南省安阳市各级领导机关、单位对此书的创作也给予了大力的帮助与支持，在此表示衷心的感谢。

还要感谢文心出版社编辑刘书焕老师不断地给予我鼓励，还有白青年、王建强、杨林战、楚明权等许多安阳历史文化界的朋友给我提供线索，帮助我进行审核修订。

这是一群人在用红旗渠精神，书写属于新时代的红旗渠。

"一渠绕群山，精神动天下。"红旗渠精神是中国共产党人的精神谱系，同样也是中华民族精神的集中体现。红旗渠是安阳的，是中国的，也是世界的。走近红旗渠，了解红旗渠，你便读懂了中国人的性格与中国人的精神。

正如习近平总书记所说："红旗渠很有教育意义，大家都应该来看看。"欢迎世界各国的青少年带着《红旗渠是怎样修成的》这本书，来红旗渠看看。因为红旗渠，很中国。我们也由衷地希望，《红旗渠是怎样修成的》一书能够像红旗渠水一样，将红旗渠精神流进每位青少年的心里。

2019 年，在庆祝中华人民共和国成立 70 周年之际，红旗渠建设者成为全国 22 个"最美奋斗者"集体中的一员。他们的英名早已镌刻在历史的丰碑之上，与天地同在，与日月同辉。

亲爱的青少年朋友，你们准备好接棒了吗？

· 附 录 ·

红旗渠大事记（1959—2022）

1959 年 10 月 10 日夜，中共林县县委举行全体（扩大）会议，对兴
建引漳入林灌溉工程作了专门研究。

11 月 6 日，中共林县县委向中共新乡地委、河南省委呈送《关
于引漳入林工程施工的请示报告》，要求兴建引漳入林灌溉
工程。

12 月 23 日，新乡专区水利建设指挥部向林县水利建设指挥
部发出通知，同意兴建引漳入林工程。

1960 年 2 月 3 日，中共山西省委同意林县引漳入林工程从平顺县侯
壁断下引水。

2 月 11 日，林县引漳入林灌溉工程开工。

3 月 10 日，林县引漳入林总指挥部在盘阳村召开引漳入林工
程全线民工代表会议。将引漳入林工程命名为"红旗渠"。

5 月 1 日，红旗渠渠首拦河坝胜利竣工。

10 月 1 日，林县红旗渠总干渠第一期工程（渠首至河口）竣
工，漳河水流入林县境内。

1961 年 7 月 15 日，红旗渠总干渠青年洞竣工。

8 月 15 日，南谷洞渡槽（又称"十孔渡槽"）竣工。

9 月 30 日，总干渠第二期工程（河口至木家庄段）胜利完成建设任务。

1962 年 8 月 15 日，林县和平顺县签订《林县、平顺两县双方商讨确定红旗渠工程使用权的协议书》。

10 月 15 日，红旗渠总干渠第三期工程（南谷洞至分水岭）竣工。

1963 年 1 月 20 日，红旗渠总干渠渠尾的分水岭隧洞竣工。

12 月 25 日，红旗渠工程正式纳入国家基本建设项目。

1964 年 6 月 20 日，总干渠第四期工程白家庄段空心坝竣工。

12 月 1 日，红旗渠总干渠全线开通。31 日，总干渠全线首次放水成功。

1965 年 4 月 5 日，庆祝红旗渠总干渠通水典礼大会在分水岭隆重举行。

7 月 21 日，中共林县第三届代表大会确定每年 4 月 5 日为红旗渠通水纪念日。

1966 年 4 月 1 日，红旗渠第一干渠桃园渡槽竣工。

4 月 5 日，红旗渠第二干渠夺丰渡槽竣工。红旗渠第三干渠曙光洞顺利凿通。

4 月 20 日，红旗渠第一、第二、第三干渠竣工通水典礼大会召开。

1968 年 10 月，红旗渠总干渠加高加固全线完工。

1969 年 6 月 25 日，红旗渠第三干渠第三支渠重要建筑曙光渡槽竣工。

7 月 6 日，红旗渠支渠配套工程基本完成，红旗渠工程全面竣工。

1970 年 红旗渠开始对外开放。

1971 年 下半年，中共中央批准林县为全国第二批对外开放单位，林县是河南省首批对外开放单位，形成了红旗渠参观热。

1972 年 11 月 4 日，经毛泽东主席批示"同意"的中共中央 (1972)42 号文件，肯定了林县人民战天斗地的辉煌成就。
12 月，交通部邮政总局发行了《红旗渠》邮票 1 套，共 4 枚。

1974 年 中国派国务院副总理邓小平为中国代表团团长参加联合国会议，在联合国放映的第一部影片就是纪录片《红旗渠》，从此，红旗渠在国际上产生了巨大影响。

1982 年 8 月上旬，大汛，红旗渠总干渠里岸倒塌，淤塞严重，停水 45 天，国家投资 46 万元，进行抗洪抢险和损毁建筑修复。

1989 年 6 月 3 日，国务院发出 42 号文件，批转水利部 5 月 5 日关于漳河水量分配方案的请示。分水方案实施后，红旗渠年引水量大幅度减少。

1990 年 3 月 20 日，中共林县县委、林县人民政府发出《关于宣传、继承和发扬红旗渠精神的决定》。
4 月 5 日，纪念红旗渠通水 25 周年大会在分水岭隆重举行，并为红旗渠纪念碑揭碑剪彩。
12 月，全国政协主席李先念为中央电视台播放的电视系列片《山碑》题写了片名。

1995 年 7 月 17 日，红旗渠灌区被列为全国二十个重点灌区灌溉工程试点项目之一。

1996 年 9 月，红旗渠被命名为"全国中小学爱国主义教育基地"。

1997 年 6 月，红旗渠被命名为"全国爱国主义教育示范基地"。

1998 年 11 月，讲述红旗渠的《人工天河》一文，编入五年制小学语文课本中。

2002 年 6 月 8 日，红旗渠纪念馆开馆。
8 月 5 日，红旗渠被国家旅游局确定为新中国成立以后唯一的红色旅游景区。

2004 年 7 月 6 日，红旗渠被水利部批准为"国家水利风景区"。

2006 年 5 月 25 日，红旗渠被国务院批准列入第六批全国重点文物保护单位名单。

2010 年 5 月 18 日，红旗渠被命名为"第一批全国廉政教育基地"。

2014 年 5 月 1 日，红旗渠纪念馆新馆开馆。

2015 年 红旗渠纪念馆被确定为"中央国家机关爱国主义教育基地"。

2016 年 红旗渠申遗被首次写入政府工作报告。
10 月，红旗渠获批国家 5A 级旅游景区。

2017 年 12 月，红旗渠入选教育部第一批全国中小学生研学实践教育基地、营地名单。

2019 年 9 月，中央多部委联合开展"最美奋斗者"学习宣传活动，红旗渠建设者成为全国 22 个"最美奋斗者"集体中的一员。

2021 年 9 月，红旗渠精神成为第一批纳入中国共产党人精神谱系的伟大精神之一。

2022 年 10 月 28 日，习近平总书记来到河南省林州市红旗渠纪念馆。习近平总书记指出："红旗渠就是纪念碑，记载了林县人不认命、不服输、敢于战天斗地的英雄气概。要用红旗渠精神教育人民特别是广大青少年，社会主义是拼出来、干出来、拿命换来的，不仅过去如此，新时代也是如此。"